日評数学選書

リー群入門

松木敏彦

日本評論社

まえがき

本書は本文および3つの付録から成る．

本文は2002年4月から2003年3月までの『数学セミナー』の連載「リー群入門」をまとめたものである．第1章1.0節「はじめに」で述べたように，線形代数だけの予備知識で具体的なリー群の構造論と表現論の基本的な事柄について理解できるように書いたつもりである．したがって，リー群とリー環の対応およびリー環とルート系の対応などに関する一般論に関しては，初等的ではないので第6章で知られている結果を紹介するのみにした．本文の構成は次のようになっている．

前半の第1章から第4章では，古典型コンパクトリー群と呼ばれる特殊直交群 $SO(n)$, 特殊ユニタリ群 $SU(n)$ およびコンパクトシンプレクティック群 $Sp(m)$ のそれぞれについて，それらの基本的な構造すなわち共役類，極大トーラス，ルート系，ワイル群およびディンキン図形を具体的な計算によって求めた．ここでは，リー群論におけるこのような基本的概念を(一般論ではなく)具体例の計算によって理解することを目指した．

次に，第5章においてルート系と呼ばれるものの公理系を導入し，その分類を行なって，上記の古典型以外のルート系(のディンキン図形)は E_6, E_7, E_8, F_4, G_2 という記号で表示される5個の例外型のもので尽くされることを示した．

第6章ではリー群とリー環の対応およびリー環とルート系の対応に関する一般論を紹介し，ルート系がリー環だけでなくリー群の構造に関する情報も含んでいることを簡単な例($SU(2)$ と $SO(3)$)について示した．

第7章では，3次特殊直交群 $SO(3)$ の作用する2次元球面 S^2 上の球関数について $SO(3)$ の表現論を用いた初等的解説を試みた．

第8章では，リー群の表現論において最も基本的な，2次特殊ユニタリ群 $SU(2)$ の表現論を解説した．

第9章では，ノンコンパクトリー群の中で最も簡単な2次実一般線形群

$GL(2, \boldsymbol{R})$ および 2 次実特殊線形群 $SL(2, \boldsymbol{R})$ の構造と非ユークリッド幾何への応用について述べ，最後の第 10 章では旗多様体上の軌道分解の簡単な例について解説した．

付録 1 は，これに関連して『数学セミナー』2001 年 9 月号の「特集：群をめぐって [活用編]」に掲載したもの，付録 2 および付録 3 は集中講義ノートであるが，「リー群入門」の内容に深く関連するので，この機会に本書の付録として掲載することにした．

付録 2 は，1996 年と 1997 年に岡山理科大学と東京大学で行なった集中講義の内容をまとめたものであり，当時研究していた 2 つの対称部分群によるリー群の軌道分解に関する初等的解説である．また付録 3 は，1999 年 6 月に北海道大学で行なった旗多様体上の軌道分解に関する集中講義の内容をまとめたものである．付録 2, 3 については本文とかなり重複があるが，当時の研究状況や集中講義のときの雰囲気を保存するために，書きなおしはせずに 1998 年，1999 年に書いたそのままの形で掲載した．この場を借りて，集中講義の機会をお世話いただいた岡山理科大学の橋爪道彦先生，東京大学の大島利雄先生および北海道大学の山下博先生に感謝の意を表したい．

最後に，本文のもとになった 2002 年度の連載の編集を担当していただき，さらに本書の出版を企画していただいた数学セミナー編集部の大賀雅美氏に深く感謝の意を表する．

2004 年 9 月　　　　　　　　　　　　　　　　　　　　　　　　松木敏彦

目次

第1章 $SO(n)$ について
- 1.0 はじめに … 1
- 1.1 指数写像 … 2
- 1.2 $SO(n)$ の定義 … 4
- 1.3 $SO(n)$ のリー環 … 6
- 1.4 共役類と標準形 … 8
- 1.5 極大可換部分空間と極大トーラス … 15

第2章 $U(n)$ と $SU(n)$ について
- 2.1 $U(n)$ と $SU(n)$ の定義 … 17
- 2.2 $U(n)$ と $SU(n)$ のリー環 … 18
- 2.3 $U(n)$ と $\mathfrak{u}(n)$ の対角化 … 19
- 2.4 $\mathfrak{u}(n)$ のルート系 … 22
- 2.5 極大可換部分空間と極大トーラス … 23
- 2.6 ワイル群 … 26
- 2.7 ワイル群の $i t_0$ への作用 … 28
- 2.8 ルートの基本系とディンキン図形 … 30

第3章 $SO(n)$ のルート系
- 3.1 $n=3$ のとき … 32
- 3.2 $n=2m+1$ のとき (B_m 型) … 35
- 3.3 $n=2m$ のとき (D_m 型) … 40

第4章 $Sp(m)$ について
- 4.1 $Sp(m)$ のリー環とその極大可換部分空間 … 44

4.2 $\mathfrak{sp}(m)$ のルート系 ………………………………………… 45
4.3 $Sp(m)$ のワイル群 ………………………………………… 47
4.4 $\mathfrak{sp}(m)$ のルートの基本系とディンキン図形 ……………………… 49

第5章 ルート系の分類
5.1 ルート系の公理 ……………………………………………… 51
5.2 正のルート系とルートの基本系 ……………………………… 53
5.3 ワイル群の作用 ……………………………………………… 54
5.4 ワイル群の最短表示 ………………………………………… 56
5.5 ディンキン図形の描き方 …………………………………… 61
5.6 例外型ルート系の具体的構成 ……………………………… 62
5.7 最高ルートと拡張ディンキン図形 ………………………… 65
5.8 ルート系の分類 ……………………………………………… 68
5.9 reduced でないルート系 …………………………………… 71

第6章 コンパクトリー群の局所同型
6.1 コンパクト単純リー環とコンパクト単純リー群の分類 …… 73
6.2 $SU(2)$ と $SO(3)$ の関係 ……………………………………… 75
6.3 ルート系による一般論 ……………………………………… 77

第7章 球関数と $SO(3)$ の作用
7.1 群の作用と軌道分解 ………………………………………… 80
7.2 等質空間と商空間 …………………………………………… 81
7.3 等質空間の軌道分解 ………………………………………… 83
7.4 直交変換とラプラシアン …………………………………… 84
7.5 球面上のラプラシアンと球面調和関数 …………………… 85
7.6 H の作用による球面調和関数の分解 ……………………… 87
7.7 ルジャンドル多項式とルジャンドル陪関数 ……………… 88
7.8 球面調和関数の直交関係式 ………………………………… 91
7.9 ルジャンドル多項式の直交関係とロードリーグの公式 …… 93

7.10 ルジャンドル陪関数の公式 …………………………………… 95
7.11 補足 ………………………………………………………… 96

第 8 章　$SU(2)$ の表現論

8.1 群の有限次元表現 …………………………………………… 98
8.2 $U(1)$-加群の完全可約性 ……………………………………… 99
8.3 $SU(2)$ の既約表現 …………………………………………… 102
8.4 ウェイト分解 ………………………………………………… 102
8.5 微分表現 ……………………………………………………… 103
8.6 リー環の表現の複素化 ……………………………………… 104
8.7 (π_n, V_n) の既約性 …………………………………………… 105
8.8 定理 8.6 の証明 ……………………………………………… 107
8.9 $SO(3)$ の既約表現 …………………………………………… 110

第 9 章　$GL(2, \boldsymbol{R})$ と $SL(2, \boldsymbol{R})$ の構造

9.1 $GL(2, \boldsymbol{R})$ と $SL(2, \boldsymbol{R})$ ……………………………………… 112
9.2 $GL(2, \boldsymbol{R})$ の極大コンパクト部分群 $O(2)$ ………………… 113
9.3 $GL(2, \boldsymbol{R})$ のカルタン分解 ………………………………… 114
9.4 非ユークリッド幾何への応用 ……………………………… 119

第 10 章　旗多様体上の軌道分解

10.1 $GL(n, \boldsymbol{R})$ の放物型部分群 ………………………………… 124
10.2 $n = 2$ のとき ………………………………………………… 125
10.3 リーマン球面 ………………………………………………… 126
10.4 $n = 3$ のとき ………………………………………………… 127
10.5 n が一般のとき ……………………………………………… 132
10.6 その他の軌道分解 …………………………………………… 133
10.7 あとがき ……………………………………………………… 134

参考文献 …………………………………………………………………… 136

付録1　リー群入門

1. 1次元リー群 …………………………………………………… 138
2. $GL(n, \boldsymbol{R})$ の1径数部分群 …………………………… 139
3. $n = 2$ のとき ………………………………………………… 141
4. 非ユークリッド幾何への応用 ……………………………… 143
5. $GL(n, \boldsymbol{R})$ のリー環 ………………………………… 145
6. おわりに ……………………………………………………… 147

付録2　リー群の軌道分解

1. 群論 …………………………………………………………… 149
2. 線形代数 ……………………………………………………… 156
3. $O(p) \times O(q) \backslash O(n) / O(r) \times O(s)$ …………… 159
4. リー群とリー環入門 ………………………………………… 163
5. 対称空間 ……………………………………………………… 168
6. 主定理(コンパクトのとき) ………………………………… 171
7. ルート系 ……………………………………………………… 178

付録3　旗多様体上の軌道分解

1. Introduction ($n = 2, 3$ のとき) …………………………… 181
2. $GL(n, \boldsymbol{R})$ の旗多様体上の軌道分解 ……………… 184

索引 ………………………………………………………………… 202

第1章
$SO(n)$ について

1.0 はじめに

「集合 G が群構造と多様体の構造を持ち，群演算が(無限階)微分可能写像」のとき，G はリー群と呼ばれる．伝統的な教科書(たとえば[1])ではこの定義から，多様体の難解な理論を駆使して，リー群の理論を構築していくのである．たしかにこの方法は数学の理論構成としては正統的であろう．しかしながら，これでは具体的なリー群にたどりつくのに時間がかかりすぎるし，必要な予備知識があまりにも多すぎる．

一方，リー群の概念は現代の数理科学において対称性の概念として基本的なものである．たとえば，空間内の1点のまわりの回転対称性は3次特殊直交群 $SO(3)$ に関する事柄であり，量子力学で使われるルジャンドル多項式，ルジャンドル陪関数などの球関数は，球面極座標による強引な計算よりも $SO(3)$ の表現論を用いる方がはるかに明解である．最近では，すでに量子力学がパソコン，携帯電話などの技術の基礎となって我々の日常生活に欠かせないものとなっている．このようなときに，連続性とか C^n 級とかの数学的に細かいだけで応用の利かない話にこだわって，対称性のある美しい数学の存在に気づかないようでは，人類の科学技術の基礎はますます空洞化して危ういものになるであろう．

本書では，もっとも基本的で美しい構造を持つコンパクトリー群について，その構造論(リー環，指数写像，共役類，ルート系，対称空間など)と表現論(球関数論を含む)について，具体的な解説をしようと思う．必要に応じてノンコンパクトリー群も扱うが，それは「半単純」なもののみで，ベキ零リー群，可

解リー群については扱わない．

たいていの場合，リー群の具体例は正則行列のなす群（一般線形群）の部分群であるので，リー群の理論は基本的にすべて線形代数（＋若干の初等解析）だけで理解できる．したがって，線形代数の演習としても役に立つように丁寧に解説する予定である．

＊　　　＊　　　＊

コンパクトリー群の中で，もっともとっつきやすいと思われる特殊直交群 $SO(n)$ の話から始めよう．じつは後に紹介する特殊ユニタリ群 $SU(n)$ の方がはるかに構造が簡単なのであるが，なるべく実数だけの範囲でできる話から始める方がよいので $SO(n)$ を扱ってみる．（しかしながら，それでも複素数は出てくる．）　$n=2,3$ のときを詳しく調べて，後は類推するようにしよう．

1.1　指数写像

まず，行列の指数写像を用意する．実（あるいは複素）正方行列 A に対し，
$$\exp A = I + A + \frac{1}{2!}A^2 + \cdots + \frac{1}{m!}A^m + \cdots$$
とおく．（行列の各成分ごとの無限級数の収束を示せばよい．通常の指数関数のときと同様に優級数定理を用いて示せる．こういう「細かい」ことの証明は本筋に影響しないので読者に任せよう．）

命題 1.1　$AB = BA$ のとき，$\exp(A+B) = \exp A \exp B$
（この証明も読者に任せよう．）

この命題により，
$$\boldsymbol{R} \ni t \longmapsto \exp tA \in GL(n, \boldsymbol{R}) = \{g \text{ は } n \times n \text{ 実行列} \mid |g| \neq 0\}$$
（または $GL(n, \boldsymbol{C}) = \{g \text{ は } n \times n \text{ 複素行列} \mid |g| \neq 0\}$）は準同型である（$|g|$ は g の行列式）．この写像を $GL(n, \boldsymbol{R})$（または $GL(n, \boldsymbol{C})$）の1径数部分群という．（注：$GL(2, \boldsymbol{R})$ の1径数部分群については「リー群入門」(付録1)で少し解説

したので参考にしていただきたい．$GL(2, \boldsymbol{R})$ はノンコンパクトなので 1 径数部分群の構造は複雑なのである．これは次の命題からわかるように行列の標準化の話に関係する．）

命題 1.2 正則行列 P について，$\exp(P^{-1}AP) = P^{-1}(\exp A)P$．
（証明は容易．）

例 1.3 $A = \begin{pmatrix} 0 & -1 \\ 1 & 0 \end{pmatrix}$ のとき，
$$\exp tA = \begin{pmatrix} 1 & 0 \\ 0 & 1 \end{pmatrix} + t\begin{pmatrix} 0 & -1 \\ 1 & 0 \end{pmatrix} + \frac{t^2}{2!}\begin{pmatrix} -1 & 0 \\ 0 & -1 \end{pmatrix} + \frac{t^3}{3!}\begin{pmatrix} 0 & 1 \\ -1 & 0 \end{pmatrix}$$
$$+ \frac{t^4}{4!}\begin{pmatrix} 1 & 0 \\ 0 & 1 \end{pmatrix} + \frac{t^5}{5!}\begin{pmatrix} 0 & -1 \\ 1 & 0 \end{pmatrix} + \cdots$$
$$= \begin{pmatrix} 1 - \frac{t^2}{2!} + \frac{t^4}{4!} - \cdots & -t + \frac{t^3}{3!} - \frac{t^5}{5!} + \cdots \\ t - \frac{t^3}{3!} + \frac{t^5}{5!} - \cdots & 1 - \frac{t^2}{2!} + \frac{t^4}{4!} - \cdots \end{pmatrix}$$
$$= \begin{pmatrix} \cos t & -\sin t \\ \sin t & \cos t \end{pmatrix}.$$

次のように対角化して計算してもよい．A の固有方程式は
$$|A - \lambda I| = \begin{vmatrix} -\lambda & -1 \\ 1 & -\lambda \end{vmatrix} = \lambda^2 + 1 = 0$$
だから，固有値は $\pm i$ である．$\lambda = i$ に対する固有ベクトルは
$$(A - iI)\begin{pmatrix} x \\ y \end{pmatrix} = \begin{pmatrix} -i & -1 \\ 1 & -i \end{pmatrix}\begin{pmatrix} x \\ y \end{pmatrix} = \begin{pmatrix} 0 \\ 0 \end{pmatrix}$$
より
$$\begin{pmatrix} x \\ y \end{pmatrix} = k\begin{pmatrix} 1 \\ -i \end{pmatrix} \quad (k \in \boldsymbol{C})$$
$\lambda = -i$ に対する固有ベクトルは
$$\begin{pmatrix} x \\ y \end{pmatrix} = \ell\begin{pmatrix} -i \\ 1 \end{pmatrix} \quad (\ell \in \boldsymbol{C})$$
である．

$$P = \frac{1}{\sqrt{2}} \begin{pmatrix} 1 & -i \\ -i & 1 \end{pmatrix}$$

とおくと

$$P^{-1}AP = \begin{pmatrix} i & 0 \\ 0 & -i \end{pmatrix}$$

だから

$$\begin{aligned} \exp tA &= \exp tP \begin{pmatrix} i & 0 \\ 0 & -i \end{pmatrix} P^{-1} = P \exp t \begin{pmatrix} i & 0 \\ 0 & -i \end{pmatrix} P^{-1} \\ &= \frac{1}{2} \begin{pmatrix} 1 & -i \\ -i & 1 \end{pmatrix} \begin{pmatrix} e^{it} & 0 \\ 0 & e^{-it} \end{pmatrix} \begin{pmatrix} 1 & i \\ i & 1 \end{pmatrix} \\ &= \frac{1}{2} \begin{pmatrix} e^{it}+e^{-it} & i(e^{it}-e^{-it}) \\ i(e^{-it}-e^{it}) & e^{it}+e^{-it} \end{pmatrix} \\ &= \begin{pmatrix} \cos t & -\sin t \\ \sin t & \cos t \end{pmatrix}. \end{aligned}$$

(オイラーの関係式 $e^{\pm it} = \cos t \pm i \sin t$ を用いた.)

1.2 $SO(n)$ の定義

$n \times n$ 行列 A が

$${}^t\!AA = I \tag{1.1}$$

(${}^t\!A$ は A の転置行列)を満たすとき,A は直交行列であるという.n 次直交行列の集合が群をなすことが容易にわかるので,これを **n 次直交群**と呼び,記号 $O(n)$ で表わす.n 個の列ベクトル $a_1, \cdots, a_n$ を用いて

$$A = \begin{pmatrix} a_1 & \cdots & a_n \end{pmatrix}$$

と表わすと,

$$\begin{aligned} {}^t\!AA &= \begin{pmatrix} {}^t\!a_1 \\ \vdots \\ {}^t\!a_n \end{pmatrix} \begin{pmatrix} a_1 & \cdots & a_n \end{pmatrix} = \begin{pmatrix} {}^t\!a_1 a_1 & \cdots & {}^t\!a_1 a_n \\ \vdots & & \vdots \\ {}^t\!a_n a_1 & \cdots & {}^t\!a_n a_n \end{pmatrix} \\ &= \begin{pmatrix} 1 & & 0 \\ & \ddots & \\ 0 & & 1 \end{pmatrix} \end{aligned}$$

であるから，$a_1, \cdots, a_n$ は $\mathbb{R}^n$ 上の内積
$$(x, y) = x_1 y_1 + \cdots + x_n y_n = {}^t xy$$
に関する正規直交基底である．特に，A の各成分の絶対値は 1 以下であり，(1.1)は A の各成分に関する n^2 個の方程式だから，$O(n)$ は $\mathbb{R}^{n^2}$ の有界閉集合，すなわちコンパクト集合であることがわかる．

例 1.4 $n = 2$ のとき，$(a_1, a_1) = 1$ であるから，
$$a_1 = \begin{pmatrix} \cos\theta \\ \sin\theta \end{pmatrix} \quad (\theta \in \mathbb{R})$$
と書け，a_2 は a_1 に直交して長さが 1 だから，
$$a_2 = \begin{pmatrix} -\sin\theta \\ \cos\theta \end{pmatrix} \quad \text{または} \quad \begin{pmatrix} \sin\theta \\ -\cos\theta \end{pmatrix}$$
となる（図 1.1）．したがって，
$$O(2) = \left\{ \begin{pmatrix} \cos\theta & -\sin\theta \\ \sin\theta & \cos\theta \end{pmatrix} \,\middle|\, \theta \in \mathbb{R} \right\} \sqcup \left\{ \begin{pmatrix} \cos\theta & \sin\theta \\ \sin\theta & -\cos\theta \end{pmatrix} \,\middle|\, \theta \in \mathbb{R} \right\}$$
（$\sqcup$ は交わりのない和集合）となる．行列式を計算すると
$$\begin{vmatrix} \cos\theta & -\sin\theta \\ \sin\theta & \cos\theta \end{vmatrix} = \cos^2\theta + \sin^2\theta = 1,$$
$$\begin{vmatrix} \cos\theta & \sin\theta \\ \sin\theta & -\cos\theta \end{vmatrix} = -\cos^2\theta - \sin^2\theta = -1$$
であることに注意しよう．

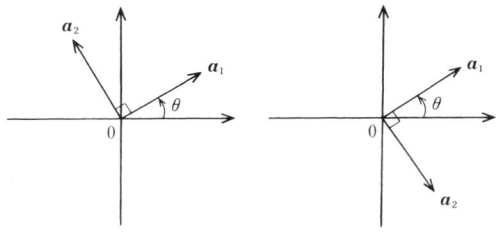

図 1.1

一般に，行列式の性質により，
$$|{}^t A A| = |{}^t A| |A| = |A|^2, \quad |I| = 1$$

であるから
$$|A|^2 = 1$$
となって,
$$|A| = \pm 1$$
であることがわかる．$O(n)$ の部分群
$$SO(n) = \{A \in O(n) \mid |A| = 1\}$$
を n **次特殊直交群**と呼ぶ．
$$O(n) \ni A \longmapsto |A| \in \{\pm 1\}$$
は準同型写像であるので，群論の一般論により，$SO(n)$ は $O(n)$ の正規部分群であり，
$$O(n) = SO(n) \sqcup gSO(n) = SO(n) \sqcup SO(n)g$$
と書ける．ただし，g は $|g| = -1$ を満たす $O(n)$ の任意の元でよい．

1.3　$SO(n)$ のリー環

$G = SO(n)$ 上の微分可能な曲線
$$(-\varepsilon, \varepsilon) \ni t \longmapsto g(t) \in G$$
で $g(0) = I$ であるものを考える．このとき，接ベクトル $g'(0)$ を調べよう．
$${}^t g(t) g(t) = I$$
の両辺を t について微分して
$${}^t g'(t) g(t) + {}^t g(t) g'(t) = 0$$
となる．（**問**：行列値関数についても積の微分法が成り立つことを示せ．）
$g(0) = I$ であるから
$${}^t g'(0) + g'(0) = 0$$
すなわち，$g'(0)$ は交代行列であることがわかる．

逆に，交代行列 X に対し，1 径数部分群
$$g(t) = \exp tX$$
を考えると，$g'(t) = X \exp tX$ だから
$$g'(0) = X$$
であり，

$$ {}^t g(t) = \exp t\, {}^t X = \exp(-tX) = (\exp tX)^{-1} = g(t)^{-1} $$

だから

$$ g(t) \in O(n) $$

である．さらに，$t \mapsto |g(t)| \in \{\pm 1\}$ は連続だから，$|g(t)| = 1$ となって，

$$ g(t) \in SO(n) $$

であることがわかる．

n 次交代行列の集合を $\mathfrak{g} = \mathfrak{so}(n)$ で表わそう．（多様体論の言葉で言えば，$\mathfrak{g}$ は単位元 I における G の接空間である．）$\mathfrak{g}$ は $\dfrac{n(n-1)}{2}$ 次元ベクトル空間であるが，次の**括弧積**の構造が入る．

$$ [X, Y] = XY - YX \qquad (X, Y \in \mathfrak{g}) $$

注意 1.5 括弧積については分配法則は成り立つが，結合法則は成り立たず，そのかわりに次の**ヤコビ律**

$$ [[X, Y], Z] + [[Y, Z], X] + [[Z, X], Y] = 0 $$

が成り立つ．一般に，このような括弧積の定義されたベクトル空間は**リー環**と呼ばれる．

括弧積を定義する理由は次のとおりである．（付録1参照）

まず，G の $\mathfrak{g}$ への自然な作用である**随伴作用**(adjoint action)を次で定義する．

$$ G \times \mathfrak{g} \ni (g, Y) \longmapsto \mathrm{Ad}(g)\,Y = gYg^{-1} \in \mathfrak{g} $$

gYg^{-1} が交代行列であることは直接示してもよいが，次のやり方の方が一般的で自然である．$h(0) = I$, $h'(0) = Y$ となる G 上の曲線 $h(t)$ を取り，曲線 $t \mapsto gh(t)g^{-1} \in G$ を考えれば，その $t = 0$ における微分係数は $gYg^{-1} = gh'(0)g^{-1} \in \mathfrak{g}$．

次に，$g(0) = I$, $g'(0) = X$ となる G 上の曲線 $g(t)$ を取り，$\mathfrak{g}$ 上の曲線

$$ t \longmapsto Z(t) = \mathrm{Ad}(g(t))\,Y = g(t)\,Y g(t)^{-1} $$

を考えよう．

$$ Z(t) g(t) = g(t)\, Y $$

であるが，この両辺を t について微分すれば，

$$Z'(t)g(t) + Z(t)g'(t) = g'(t)Y$$

となるので，$t=0$ を代入して

$$Z'(0) + YX = XY$$

すなわち，

$$Z'(0) = XY - YX$$

が得られる．(X の作用：$Y \mapsto [X, Y]$ は $\mathrm{Ad}(g(t))$ の微分によって得られたので，$[X, Y] = \mathrm{ad}(X)Y$ と表わすこともある．つまり，リー環の作用 ad はリー群の作用 Ad の微分である．)

1.4 共役類と標準形

例題 1.6 $G = SO(3)$ とする．

$$g = \begin{pmatrix} 0 & 0 & 1 \\ 1 & 0 & 0 \\ 0 & 1 & 0 \end{pmatrix} \in G$$

について，

$$h^{-1}gh = \begin{pmatrix} \cos\theta & -\sin\theta & 0 \\ \sin\theta & \cos\theta & 0 \\ 0 & 0 & 1 \end{pmatrix}$$

となる $h \in G$，$\theta \in \boldsymbol{R}$ を与えよ．

解 まず，g の固有値，固有ベクトルを求めよう．固有方程式は

$$|g - \lambda I| = \begin{vmatrix} -\lambda & 0 & 1 \\ 1 & -\lambda & 0 \\ 0 & 1 & -\lambda \end{vmatrix} = 1 - \lambda^3 = 0$$

だから

$$\lambda = 1, \ \omega, \ \bar{\omega} \quad \left(\omega = \frac{-1 + \sqrt{3}\,i}{2}\right)$$

固有値 λ ($\lambda^3 = 1$) に対する固有ベクトルは

$$(g-\lambda I)\begin{pmatrix}x\\y\\z\end{pmatrix} = \begin{pmatrix}-\lambda & 0 & 1\\1 & -\lambda & 0\\0 & 1 & -\lambda\end{pmatrix}\begin{pmatrix}x\\y\\z\end{pmatrix} = \begin{pmatrix}0\\0\\0\end{pmatrix}$$

より

$$\begin{pmatrix}x\\y\\z\end{pmatrix} = k\begin{pmatrix}1\\\lambda^2\\\lambda\end{pmatrix} \quad (k \in \boldsymbol{C})$$

である．$\lambda = \omega^2 = \bar{\omega}$ に対する固有ベクトル

$$\begin{pmatrix}1\\\omega\\\omega^2\end{pmatrix} = \begin{pmatrix}1\\-1/2\\-1/2\end{pmatrix} + i\begin{pmatrix}0\\\sqrt{3}/2\\-\sqrt{3}/2\end{pmatrix}$$

の実部，虚部を正規化して

$$v_1 = \frac{1}{\sqrt{6}}\begin{pmatrix}2\\-1\\-1\end{pmatrix}, \quad v_2 = \frac{1}{\sqrt{2}}\begin{pmatrix}0\\1\\-1\end{pmatrix}$$

とおき，$\lambda = 1$ に対する固有ベクトルを正規化して

$$v_3 = \frac{1}{\sqrt{3}}\begin{pmatrix}1\\1\\1\end{pmatrix}$$

とおく．

$$g(v_1 + iv_2) = \bar{\omega}(v_1 + iv_2) = \left(-\frac{1}{2} - \frac{\sqrt{3}}{2}i\right)(v_1 + iv_2)$$
$$= -\frac{1}{2}v_1 + \frac{\sqrt{3}}{2}v_2 + i\left(-\frac{\sqrt{3}}{2}v_1 - \frac{1}{2}v_2\right)$$

だから

$$gv_1 = -\frac{1}{2}v_1 + \frac{\sqrt{3}}{2}v_2, \quad gv_2 = -\frac{\sqrt{3}}{2}v_1 - \frac{1}{2}v_2, \quad gv_3 = v_3$$

となる．よって $h = (v_1 \ v_2 \ v_3) \in G$ とおけば，

$$h^{-1}gh = \begin{pmatrix}-1/2 & -\sqrt{3}/2 & 0\\\sqrt{3}/2 & -1/2 & 0\\0 & 0 & 1\end{pmatrix} = \begin{pmatrix}\cos(2\pi/3) & -\sin(2\pi/3) & 0\\\sin(2\pi/3) & \cos(2\pi/3) & 0\\0 & 0 & 1\end{pmatrix}.$$

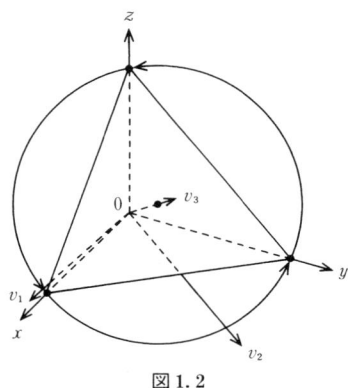

図 1.2

注意 図 1.2 のように g は v_3 を軸とする $120°$ の回転であるから，図形的に考えても，このように標準化できるのは明らかであろう．

問 1.1 $G = SO(4)$ とする．
$$g = \begin{pmatrix} 0 & 0 & 0 & -1 \\ 1 & 0 & 0 & 0 \\ 0 & 1 & 0 & 0 \\ 0 & 0 & 1 & 0 \end{pmatrix} \in G$$
について
$$h^{-1}gh = \begin{pmatrix} \cos\theta_1 & -\sin\theta_1 & 0 & 0 \\ \sin\theta_1 & \cos\theta_1 & 0 & 0 \\ 0 & 0 & \cos\theta_2 & -\sin\theta_2 \\ 0 & 0 & \sin\theta_2 & \cos\theta_2 \end{pmatrix}$$
となる $h \in G$，$\theta_1, \theta_2 \in \boldsymbol{R}$ を与えよ．

以上のことから，次の定理が成り立つであろうと予想できる．

定理 1.7（$SO(n)$ の標準化） 任意の $g \in G = SO(n)$ に対し，ある $h \in G$ を取れば，
$$h^{-1}gh = B(\theta_1, \cdots, \theta_m)$$

となる．ここで $B(\theta_1, \cdots, \theta_m)$ は次の形の行列である．

$$\begin{pmatrix} B(\theta_1) & & 0 \\ & \ddots & \\ 0 & & B(\theta_m) \end{pmatrix} \quad (n = 2m \text{ のとき})$$

$$\begin{pmatrix} B(\theta_1) & & & 0 \\ & \ddots & & \\ & & B(\theta_m) & \\ 0 & & & 1 \end{pmatrix} \quad (n = 2m+1 \text{ のとき})$$

ただし

$$B(\theta) = \begin{pmatrix} \cos\theta & -\sin\theta \\ \sin\theta & \cos\theta \end{pmatrix}$$

とする．

証明 n についての数学的帰納法で証明する．したがって，$n-1$ 次以下の特殊直交群については定理が成り立つと仮定してよい．

まず，g の固有値で実数でないもの $\lambda = a+bi$ が存在する場合を考えよう．その固有ベクトル v の実部を v_1，虚部を v_2 とする．

$$ {}^t v v = {}^t v\, {}^t g g v = {}^t (gv) gv = \lambda^2\, {}^t v v$$

であり，$\lambda^2 \neq 1$ だから

$$0 = {}^t v v = {}^t (v_1 + iv_2)(v_1 + iv_2) = ({}^t v_1 v_1 - {}^t v_2 v_2) + 2i\, {}^t v_1 v_2$$

よって，v_1 と v_2 は長さが等しく，直交していることがわかる．v を定数倍して，v_1 と v_2 の長さは 1 としてよい．

$$g(v_1 + iv_2) = (a+bi)(v_1+iv_2) = (av_1-bv_2) + i(bv_1+av_2)$$

であるから

$$gv_1 = av_1 - bv_2, \quad gv_2 = bv_1 + av_2$$

である．さらに，g はベクトルの長さを変えないので $gv_1 = av_1 - bv_2$ の長さは 1 であり，よって

$$a^2 + b^2 = 1$$

となるので

$$a = \cos\theta_1, \quad b = -\sin\theta_1$$

と書ける．g は $\boldsymbol{R}^n$ の 2 次元部分空間 $V = \boldsymbol{R}v_1 \oplus \boldsymbol{R}v_2$ をそれ自身に移し，内積を保つので，V の直交補空間もそれ自身に移す．よって，v_1, v_2 を含む $\boldsymbol{R}^n$ の正規直交基底 $v_1, v_2, \cdots, v_n$ を $|v_1 \cdots v_n| = 1$ となるように取り，$h = (v_1 \cdots v_n) \in G$ とおけば，

$$h^{-1}gh = \begin{pmatrix} B(\theta_1) & 0 \\ 0 & g' \end{pmatrix}, \quad g' \in SO(n-2)$$

となる．帰納法の仮定により，g' は $SO(n-2)$ の元で標準化できるので，この場合の証明は完結した．

以上により，あとは g の固有値がすべて実数の場合を考えればよい．$\lambda_1 \in \boldsymbol{R}$ を g の固有値とすると，その長さ 1 の固有ベクトル v_1 を $\boldsymbol{R}^n$ の中に取ることができる．

$$gv_1 = \lambda_1 v_1$$

であるが，g はベクトルの長さを変えないので，$\lambda_1 = \pm 1$ である．g は内積を保つので，v_1 の直交補空間 V_1 をそれ自身に移す．次に g を V_1 に制限したものを考え，その固有値 $\lambda_2 = \pm 1$ に対する長さ 1 の固有ベクトル $v_2 \in V_1$ を取る．この操作を繰り返すことにより，$\boldsymbol{R}^n$ の正規直交基底 $v_1, \cdots, v_n$ であって，すべて固有値 ± 1 の固有ベクトルから成るものが取れる．

$$\lambda_1 \cdots \lambda_n = |g| = 1$$

であるから，固有値 -1 の数は偶数個である．$v_1, \cdots, v_n$ の順序を入れ替えて，$\lambda_1 = \cdots = \lambda_{2k} = -1, \lambda_{2k+1} = \cdots = \lambda_n = 1$ としてよい．よって $h = (v_1 \cdots v_n) \in G$ （必要ならば v_n を $-v_n$ で置きかえる）とおけば，

$$h^{-1}gh = \begin{pmatrix} -I_{2k} & 0 \\ 0 & I_{n-2k} \end{pmatrix} = \begin{pmatrix} B(\pi) & & & 0 \\ & \ddots & & \\ & & B(\pi) & \\ 0 & & & I_{n-2k} \end{pmatrix}$$

となり，定理は証明された． □

次の定理も同様にして証明できる．

定理 1.8 ($\mathfrak{so}(n)$ の標準化)　任意の $X \in \mathfrak{so}(n)$ に対し，ある $h \in SO(n)$ を

取れば，
$$\mathrm{Ad}(h^{-1})X = h^{-1}Xh = C(\theta_1, \cdots, \theta_m)$$
となる．ここで $C(\theta_1, \cdots, \theta_m)$ は次の形の行列である．

$$\begin{pmatrix} C(\theta_1) & & 0 \\ & \ddots & \\ 0 & & C(\theta_m) \end{pmatrix} \qquad (n = 2m \text{ のとき})$$

$$\begin{pmatrix} C(\theta_1) & & & 0 \\ & \ddots & & \\ & & C(\theta_m) & \\ 0 & & & 0 \end{pmatrix} \qquad (n = 2m+1 \text{ のとき})$$

ただし
$$C(\theta) = \begin{pmatrix} 0 & -\theta \\ \theta & 0 \end{pmatrix}$$
とする．

問 1.2 交代行列
$$X = \begin{pmatrix} 0 & -1 & 0 \\ 1 & 0 & -1 \\ 0 & 1 & 0 \end{pmatrix}$$
について，

（1） $h^{-1}Xh = \begin{pmatrix} 0 & -a & 0 \\ a & 0 & 0 \\ 0 & 0 & 0 \end{pmatrix}$ となる $h \in SO(3)$ と $a \in \boldsymbol{R}$ を与えよ．

（2） $\exp tX$ を求めよ．

定理 1.7 によって次のことが示せる．

定理 1.9 $G = SO(n)$ について，指数写像
$$\exp : \mathfrak{g} \longrightarrow G$$
は全射である．

証明 $n = 2m$ のときを考えよう．（$n = 2m+1$ のときも同様である．） 任

意の $g \in G$ に対し，定理 1.7 により，ある $h \in G$ を取れば
$$h^{-1}gh = \begin{pmatrix} B(\theta_1) & & 0 \\ & \ddots & \\ 0 & & B(\theta_m) \end{pmatrix}$$
となる．
$$X = \mathrm{Ad}(h)\begin{pmatrix} C(\theta_1) & & 0 \\ & \ddots & \\ 0 & & C(\theta_m) \end{pmatrix} = h\begin{pmatrix} C(\theta_1) & & 0 \\ & \ddots & \\ 0 & & C(\theta_m) \end{pmatrix}h^{-1}$$
とおけば，命題 1.2 により
$$\exp X = h\exp\begin{pmatrix} C(\theta_1) & & 0 \\ & \ddots & \\ 0 & & C(\theta_m) \end{pmatrix}h^{-1}$$
$$= h\begin{pmatrix} B(\theta_1) & & 0 \\ & \ddots & \\ 0 & & B(\theta_m) \end{pmatrix}h^{-1} = g. \qquad \square$$

注意 1.10 （1） 定理 1.9 は任意のコンパクトリー群について成り立つ事柄である．その標準的な証明は，G 上の不変リーマン計量に関して 1 径数部分群が「測地線」であることを用い，完備リーマン多様体上の任意の 2 点が測地線で結べるという幾何学的な方法によっている[1]．しかしながら，このような高度の知識を使わなくても，線形代数だけを用いた原始的な方法で定理 1.9 のようにかなりのことは証明できるのである．

（2） ノンコンパクトリー群については一般に定理 1.9 は成り立たない．

問 1.3 $G = SL(2, \boldsymbol{R}) = \{g \in GL(2, \boldsymbol{R}) \mid |g| = 1\}$,
$$\mathfrak{g} = \left\{ \begin{pmatrix} a & b \\ c & -a \end{pmatrix} \,\middle|\, a, b, c \in \boldsymbol{R} \right\}$$
のとき，$\exp : \mathfrak{g} \to G$ は全射でないことを示せ．

---

1) 注：リーマン幾何を用いない証明が，[3] の p. 279 にある．これをさらに一般化したものが，[4] の Theorem 1 である．

1.5 極大可換部分空間と極大トーラス

リー環 $\mathfrak{g}$ の 2 つの元 X, Y について
$$[X, Y] = 0$$
のとき，X と Y は可換であるという．$[X, Y] = XY - YX$ であるから，このように呼ぶのは妥当であろう．さらにこのとき，命題 1.1 により
$$\exp X \exp Y = \exp(X + Y) = \exp Y \exp X$$
も成り立つ．可換なものの集合は非常に扱いやすい．$\mathfrak{g}$ の部分空間 $\mathfrak{t}$ の任意の 2 つの元が可換であるとき，$\mathfrak{t}$ は可換であるという．前節の考察から次の $\mathfrak{g} = \mathfrak{so}(n)$ の部分空間 $\mathfrak{t}_0$ が興味深いであろう．
$$\mathfrak{t}_0 = \{C(\theta_1, \cdots, \theta_m) \mid \theta_1, \cdots, \theta_m \in \boldsymbol{R}\}$$
容易に $\mathfrak{t}_0$ は可換であることがわかり，さらに $\mathfrak{t}_0$ を含む $\mathfrak{g}$ の可換部分空間は $\mathfrak{t}_0$ しかないこともわかる．この意味で，$\mathfrak{t}_0$ は $\mathfrak{g}$ の**極大可換部分空間**であると言える．実は，この逆も次の意味で成り立つ．$\mathfrak{g}$ の任意の極大可換部分空間は $\mathfrak{t}_0$ に共役なのである．すなわち，

定理 1.11 $\mathfrak{t}$ を $\mathfrak{g}$ の極大可換部分空間とすると，ある $h \in G = SO(n)$ が存在して，
$$\mathfrak{t} = \mathrm{Ad}(h)\mathfrak{t}_0$$
となる．

この定理の証明は一般的な議論を用いる方がよいので，後回しにしよう．しかしながら，このように「極大可換」というようなその性質だけで定義される対象は数学において非常に重要であることが多い．具体的な $\mathfrak{t}_0$ はその性質を持つものの 1 つの代表物なのである．それらが共役を除いてただ 1 つしかないというのは群論的に非常に美しい構造と言える．これはコンパクトリー群の特徴であって，ノンコンパクトのときはそうではない．

問 1.4 $\mathfrak{t} = \{X(a, b) \mid a, b \in \boldsymbol{R}\}$,

$$X(a,b) = \begin{pmatrix} 0 & 0 & 0 & -a \\ 0 & 0 & -b & 0 \\ 0 & b & 0 & 0 \\ a & 0 & 0 & 0 \end{pmatrix}$$

のとき，
$$\mathfrak{t} = \mathrm{Ad}(h)\mathfrak{t}_0$$
となる $h \in SO(4)$ を1つ与えよ．

$\mathfrak{g}$ の極大可換部分空間 $\mathfrak{t}$ によって
$$T = \exp \mathfrak{t}$$
と書ける G の部分群は**極大トーラス**と呼ばれる．
$$T_0 = \exp \mathfrak{t}_0 = \{B(\theta_1, \cdots, \theta_m) \mid \theta_1, \cdots, \theta_m \in \boldsymbol{R}\}$$
は G の1つの極大トーラスである．定理1.11により，

系1.12 任意の $G = SO(n)$ の極大トーラス T に対し，ある $h \in G$ が存在して，
$$T = hT_0h^{-1}$$
となる．

注：一般に任意の連結コンパクト可換リー群 T は円周 S^1 の m 個 ($m = \dim T$) の直積と同相である．$m = 2$ のときが通常の意味でのトーラス(ドーナツ状曲面)である．

第2章

$U(n)$ と $SU(n)$ について

2.1 $U(n)$ と $SU(n)$ の定義

$n \times n$ 複素行列 A が
$$^t\bar{A}A = I$$
を満たすとき, A はユニタリ行列であるという. ($A = (a_{ij})$ のとき, $\bar{A} = (\overline{a_{ij}})$, よって $^t\bar{A} = (\overline{a_{ji}})$.) n 次ユニタリ行列の集合が群をなすことが容易にわかるので, これを n **次ユニタリ群**と呼び, 記号 $U(n)$ で表わす. n 個の列ベクトル $\boldsymbol{a}_1, \cdots, \boldsymbol{a}_n \in \boldsymbol{C}^n$ を用いて
$$A = (\boldsymbol{a}_1 \ \cdots \ \boldsymbol{a}_n)$$
と表わすと,
$$^t\bar{A}A = \begin{pmatrix} ^t\bar{\boldsymbol{a}}_1 \\ \vdots \\ ^t\bar{\boldsymbol{a}}_n \end{pmatrix}(\boldsymbol{a}_1 \ \cdots \ \boldsymbol{a}_n) = \begin{pmatrix} ^t\bar{\boldsymbol{a}}_1\boldsymbol{a}_1 & \cdots & ^t\bar{\boldsymbol{a}}_1\boldsymbol{a}_n \\ \vdots & & \vdots \\ ^t\bar{\boldsymbol{a}}_n\boldsymbol{a}_1 & \cdots & ^t\bar{\boldsymbol{a}}_n\boldsymbol{a}_n \end{pmatrix}$$
$$= \begin{pmatrix} 1 & & 0 \\ & \ddots & \\ 0 & & 1 \end{pmatrix}$$
であるから, $\boldsymbol{a}_1, \cdots, \boldsymbol{a}_n$ は $\boldsymbol{C}^n$ 上のエルミート内積
$$(\boldsymbol{x}, \boldsymbol{y}) = \bar{x}_1 y_1 + \cdots + \bar{x}_n y_n = {}^t\bar{\boldsymbol{x}}\boldsymbol{y}$$
に関する正規直交基底である.
$$^t\bar{\boldsymbol{x}}\boldsymbol{x} = \bar{x}_1 x_1 + \cdots + \bar{x}_n x_n = |x_1|^2 + \cdots + |x_n|^2$$
であるから, A の各成分の絶対値は 1 以下であり, $A \mapsto {}^t\bar{A}A$ は連続写像だから, $U(n)$ は $\boldsymbol{C}^{n^2}$ の有界閉集合すなわちコンパクト集合であることがわかる.

行列式の性質により，
$$\det({}^t\overline{A}A) = \overline{\det A}\,\det A = |\det A|^2$$
(絶対値の記号との混乱を避けるため，行列式は det (determinant) で表わした) であるから，$A \in U(n)$ のとき，
$$|\det A| = 1$$
である．$U(n)$ の部分群
$$SU(n) = \{A \in U(n) \mid \det A = 1\}$$
を n **次特殊ユニタリ群**と呼ぶ．
$$U(n) \ni A \longmapsto \det A \in U(1) = \{z \in \boldsymbol{C} \mid |z| = 1\}$$
は準同型写像であるので，$SU(n)$ は $U(n)$ の正規部分群である．

2.2　$U(n)$ と $SU(n)$ のリー環

$G = U(n)$ 上の微分可能曲線 $g(t)$ で $g(0) = I$ となるものを考える．
$$\overline{{}^t g(t)}\,g(t) = I$$
の両辺を t で微分して，
$$\overline{{}^t g'(t)}\,g(t) + \overline{{}^t g(t)}\,g'(t) = 0$$
であるから，$t = 0$ のとき
$$\overline{{}^t g'(0)} + g'(0) = 0$$
すなわち，$g'(0)$ は歪エルミート行列である．逆に，歪エルミート行列 X に対し，1径数部分群 $\exp tX$ が $U(n)$ に含まれることが示せる．よって $U(n)$ のリー環 $\mathfrak{u}(n)$ は
$$\mathfrak{u}(n) = \{X \text{ は } n \times n \text{ 複素行列} \mid {}^t\overline{X} = -X\}$$
である．

次に $SU(n)$ のリー環を求めたいのだが，簡単のため $n = 2$ の場合を考えよう．$GL(2, \boldsymbol{C})$ 内の曲線
$$g(t) = \begin{pmatrix} a(t) & b(t) \\ c(t) & d(t) \end{pmatrix}$$
で $g(0) = I$ となるものを考える．$f(t) = \det g(t)$ とおくと，
$$f'(t) = \{a(t)d(t) - b(t)c(t)\}'$$

$$= a'(t)d(t)+a(t)d'(t)-b'(t)c(t)-b(t)c'(t)$$

だから
$$f'(0) = a'(0)+d'(0)$$
すなわち
$$f'(0) = \operatorname{tr} g'(0)$$
(tr：trace は対角成分の和を表わす記号)となる．これは一般の n についても成り立つ．(**問**：これを証明せよ．)

逆に，$g(t) = \exp tX$ のとき，$g'(t) = X \exp tX$ であるから
$$f'(0) = \operatorname{tr} g'(0) = \operatorname{tr} X$$
であり，さらに
$$f(s+t) = f(s)f(t)$$
であるので，
$$\det \exp tX = f(t) = e^{t\operatorname{tr} X}$$
となる．以上のことから，$SU(n)$ のリー環 $\mathfrak{su}(n)$ は
$$\mathfrak{su}(n) = \{X \in \mathfrak{u}(n) \mid \operatorname{tr} X = 0\}$$
であることがわかる．

2.3　$U(n)$ と $\mathfrak{u}(n)$ の対角化

例 2.1　$g = \begin{pmatrix} \cos\theta & -\sin\theta \\ \sin\theta & \cos\theta \end{pmatrix} \in SO(2) \subset SU(2)$ $(\sin\theta \neq 0)$ について，$h^{-1}gh$ が対角行列になるような $h \in SU(2)$ を与えよう．

g の固有値は
$$\det(g-\lambda I) = (\cos\theta-\lambda)^2+\sin^2\theta = 0$$
より，
$$\lambda = \cos\theta \pm i\sin\theta = e^{\pm i\theta}$$
である．$\lambda = e^{i\theta}$ に対する固有ベクトルは
$$(g-e^{i\theta}I)\begin{pmatrix} x \\ y \end{pmatrix} = \begin{pmatrix} -i\sin\theta & -\sin\theta \\ \sin\theta & -i\sin\theta \end{pmatrix}\begin{pmatrix} x \\ y \end{pmatrix} = \begin{pmatrix} 0 \\ 0 \end{pmatrix}$$
より

$$\begin{pmatrix} x \\ y \end{pmatrix} = k \begin{pmatrix} 1 \\ -i \end{pmatrix} \quad (k \in \mathbf{C})$$

であり，$\lambda = e^{-i\theta}$ に対する固有ベクトルは

$$\begin{pmatrix} x \\ y \end{pmatrix} = \ell \begin{pmatrix} -i \\ 1 \end{pmatrix} \quad (\ell \in \mathbf{C})$$

である．

$$\frac{1}{\sqrt{2}} \begin{pmatrix} 1 \\ -i \end{pmatrix}, \quad \frac{1}{\sqrt{2}} \begin{pmatrix} -i \\ 1 \end{pmatrix}$$

は $\mathbf{C}^2$ の正規直交基底であるので

$$h = \frac{1}{\sqrt{2}} \begin{pmatrix} 1 & -i \\ -i & 1 \end{pmatrix} \in U(2)$$

であるが，さらに $\det h = 1$ であるので，$h \in SU(2)$ である．この h により g は

$$h^{-1}gh = \begin{pmatrix} e^{i\theta} & 0 \\ 0 & e^{-i\theta} \end{pmatrix}$$

と対角化できる（例 1.3 参照）．

問 2.1 $g = \begin{pmatrix} 0 & 0 & 1 \\ 1 & 0 & 0 \\ 0 & 1 & 0 \end{pmatrix} \in SO(3) \subset SU(3)$ について，$h^{-1}gh$ が対角行列になる $h \in SU(3)$ を 1 つ与えよ（例題 1.6 参照）．

定理 2.2（$U(n)$ の対角化） 任意の $g \in U(n)$ は，ある $h \in SU(n)$ により，

$$h^{-1}gh = \begin{pmatrix} \lambda_1 & & 0 \\ & \ddots & \\ 0 & & \lambda_n \end{pmatrix} \quad (|\lambda_j| = 1)$$

と対角化できる．

証明 g の 1 つの固有値 λ_1 に対する（標準的エルミート計量に関する）長さ 1 の固有ベクトル v_1 を取る．

$$gv_1 = \lambda_1 v_1$$

であって，g は長さを不変にするので
$$|\lambda_1| = 1$$
である．さらに，g は内積を不変にするので，v_1 の直交補空間 V_1 をそれ自身に移す．g の V_1 への制限について，その固有値 λ_2 と長さ 1 の固有ベクトル v_2 が取れる．この操作を繰り返すことにより，g の固有ベクトルから成る $\boldsymbol{C}^n$ の正規直交基底 $v_1, v_2, \cdots, v_n$ が取れる．
$$h = (v_1 \ \cdots \ v_n)$$
とおけば，$h \in U(n)$ であるが，v_n を絶対値 1 の複素数倍で置き換えて，$\det h = 1$ にすることができるので，$h \in SU(n)$ としてよい．この h により，g は
$$h^{-1}gh = \begin{pmatrix} \lambda_1 & & 0 \\ & \ddots & \\ 0 & & \lambda_n \end{pmatrix} \quad (|\lambda_j| = 1)$$
と対角化できる． □

次の定理も同様に証明できる．

定理 2.3（$\mathfrak{u}(n)$ の対角化）　任意の $X \in \mathfrak{u}(n)$ は，ある $h \in SU(n)$ により，
$$h^{-1}Xh = Y(\theta_1, \cdots, \theta_n) = \begin{pmatrix} i\theta_1 & & 0 \\ & \ddots & \\ 0 & & i\theta_n \end{pmatrix} \quad (\theta_1, \cdots, \theta_n \in \boldsymbol{R})$$
と対角化できる．

定理 1.9 と同様に，定理 2.2 から次の定理が示せる．

定理 2.4　（1）　$\exp : \mathfrak{u}(n) \to U(n)$ は全射である．
（2）　$\exp : \mathfrak{su}(n) \to SU(n)$ は全射である．

このように，$U(n), SU(n)$ は前節の $SO(n)$ よりも構造が簡単であることがわかる．

2.4　$\mathfrak{u}(n)$ のルート系

$i\mathfrak{u}(n) = \{iX \mid X \in \mathfrak{u}(n)\}$ はエルミート行列の集合と一致するので，$\mathfrak{g} = \mathfrak{u}(n)$ の複素化 $\mathfrak{g}_C = \mathfrak{g} \oplus i\mathfrak{g}$ は $n \times n$ 複素行列全体であることがわかる．これは $GL(n, \boldsymbol{C})$ のリー環であるので

$$\mathfrak{g}_C = \mathfrak{gl}(n, \boldsymbol{C})$$

と表わす．$\mathfrak{g}$ の 1 つの極大可換部分空間

$$\mathfrak{t}_0 = \{Y(\theta_1, \cdots, \theta_n) \mid \theta_1, \cdots, \theta_n \in \boldsymbol{R}\}$$

の元

$$Y = Y(\theta_1, \cdots, \theta_n) = \begin{pmatrix} i\theta_1 & & 0 \\ & \ddots & \\ 0 & & i\theta_n \end{pmatrix}$$

を 1 つ取り，$\mathfrak{g}_C$ からそれ自身への線形写像

$$\mathrm{ad}(Y) : X \longmapsto \mathrm{ad}(Y)X = [Y, X]$$

を固有空間に分解しよう．Y が対角行列であるので，その答は簡単で，E_{jk} を (j, k) 行列単位すなわち (j, k) 成分が 1 で他の成分がすべて 0 の行列とするとき，

$$[Y, E_{jk}] = YE_{jk} - E_{jk}Y = i(\theta_j - \theta_k)E_{jk}$$

であるから，E_{jk} は $\mathrm{ad}(Y)$ の固有ベクトルである．$\{E_{jk} \mid j = 1, \cdots, n, \ k = 1, \cdots, n\}$ は $\mathfrak{g}_C$ の基底だから，$\mathrm{ad}(Y)$ の固有値 λ はすべて純虚数であって，その固有空間は

$$i(\theta_j - \theta_k) = \lambda$$

を満たす E_{jk} で張られる $\mathfrak{g}_C$ の部分空間であることがわかる．特に，$j \neq k \Rightarrow \theta_j \neq \theta_k$ のとき（このとき，$Y \in \mathfrak{t}_0$ は regular であるという），$\mathrm{ad}(Y)$ の 0-固有空間すなわち $\{X \in \mathfrak{g}_C \mid [Y, X] = 0\} = \mathfrak{z}_{\mathfrak{g}_C}(Y)$ （これは Y の $\mathfrak{g}_C$ における centralizer (訳すと，「中心化するもの」) と呼ばれる）は対角行列の集合

$$\left\{ \begin{pmatrix} a_1 & & 0 \\ & \ddots & \\ 0 & & a_n \end{pmatrix} \middle| a_1, \cdots, a_n \in \boldsymbol{C} \right\}$$

すなわち $\mathfrak{t}_0$ の複素化である．よって Y の $\mathfrak{g} = \mathfrak{u}(n)$ における centralizer は

$$\partial_{\mathfrak{g}}(Y) = \mathfrak{t}_0$$

である．

さて，$\mathfrak{t}_0$ の中で $Y = Y(\theta_1, \cdots, \theta_n)$ を動かしても，E_{jk} は常に $\mathrm{ad}(Y)$ の固有ベクトルであることに注目しよう．すなわち，$\mathfrak{g}_C$ は線形変換の族 $\{\mathrm{ad}(Y) \mid Y \in \mathfrak{t}_0\}$ に関して「同時固有空間分解」できるのである．Y の取り方によって固有値 $i(\theta_j - \theta_k)$ の方は変化するので，（線形）写像

$$\alpha : \mathfrak{t}_0 \ni Y(\theta_1, \cdots, \theta_n) \longmapsto i(\theta_j - \theta_k) \in i\mathbf{R}$$

が重要である．このような $\alpha : \mathfrak{t}_0 \to i\mathbf{R}$ はリー環 $\mathfrak{g}_C$ の極大可換部分空間 $\mathfrak{t}_0$ に関する**ルート**と呼ばれ，固有空間 $CE_{jk} = \mathfrak{g}_C(\mathfrak{t}_0, \alpha)$ は α に対する**ルート空間**と呼ばれる．（伝統に従って $0 : Y \mapsto 0$ はルートから除外しておこう．）$\mathfrak{g}_C$ の $\mathfrak{t}_0$ に関するルートの集合（有限集合）を

$$\Delta = \Delta(\mathfrak{g}_C, \mathfrak{t}_0)$$

で表わそう．線形写像

$$\varepsilon_j : Y(\theta_1, \cdots, \theta_n) \longmapsto i\theta_j$$

を用いれば，

$$\Delta = \{\varepsilon_j - \varepsilon_k \mid j \neq k\}$$

と表わせる．（Δ の元の数は $|\Delta| = n(n-1)$ である．）$\mathfrak{g}_C$ の $\{\mathrm{ad}(Y) \mid Y \in \mathfrak{t}_0\}$ に関する同時固有空間分解

$$\mathfrak{g}_C = \bigoplus_{\alpha \in \Delta \sqcup \{0\}} \mathfrak{g}_C(\mathfrak{t}_0, \alpha) = (\mathfrak{t}_0)_C \oplus \bigoplus_{\alpha \in \Delta} \mathfrak{g}_C(\mathfrak{t}_0, \alpha)$$

は**ルート空間分解**と呼ばれる．

2.5　極大可換部分空間と極大トーラス

次に，$\mathfrak{g} = \mathfrak{u}(n)$ の一般の可換部分空間 $\mathfrak{t}$ を考えよう．$\mathfrak{g}_C$ は $\mathfrak{t}$ の元の adjoint action によっても次のように同時固有空間に分解できる．

$\mathfrak{t}$ の基底 $Y_1, Y_2, \cdots, Y_m$ を適当に取る．定理 2.3 により，ある $h \in SU(n)$ によって

$$Y_1' = \mathrm{Ad}(h^{-1}) Y_1 = h^{-1} Y_1 h \in \mathfrak{t}_0$$

となり，$\mathfrak{g}_C$ は $\mathrm{ad}(Y_1')$ によって固有空間分解できるので，$\mathrm{ad}(Y_1)$ によっても固

有空間に分解できる．($\mathrm{ad}(Y_1)$, $\mathrm{ad}(Y_1')$ に関する λ-固有空間をそれぞれ V_λ, V_λ' とすると，$V_\lambda = \mathrm{Ad}(h)\, V_\lambda'$ となる．) $[Y_1, Y_2] = 0$ より

$$\mathrm{ad}(Y_1)\mathrm{ad}(Y_2) = \mathrm{ad}(Y_2)\mathrm{ad}(Y_1)$$

であるので，$\mathrm{ad}(Y_2)$ は $\mathrm{ad}(Y_1)$ に関する λ-固有空間 V_λ をそれ自身の中に移すことがわかる．$\mathrm{ad}(Y_2)$ によって $\mathfrak{g}_C$ が固有空間分解できるので，V_λ も

$$V_\lambda = \bigoplus_\mu V_{\lambda,\mu}, \quad (V_{\lambda,\mu} = \{X \in V_\lambda \mid [Y_2, X] = \mu X\})$$

と固有空間分解できる．したがって，$\mathfrak{g}_C$ は

$$\mathfrak{g}_C = \bigoplus_{\lambda,\mu} V_{\lambda,\mu}$$

と $\mathrm{ad}(Y_1)$ と $\mathrm{ad}(Y_2)$ の同時固有空間に分解できることがわかる．この操作を繰り返すことにより，$\mathfrak{g}_C$ は次のように $\mathrm{ad}(Y_1), \cdots, \mathrm{ad}(Y_m)$ に関する同時固有空間 $V_{\lambda_1, \cdots, \lambda_m}$ に分解できる．

$$\mathfrak{g}_C = \bigoplus_{\lambda_1, \cdots, \lambda_m} V_{\lambda_1, \cdots, \lambda_m} \tag{2.1}$$

任意の $Y = c_1 Y_1 + \cdots + c_m Y_m \in \mathfrak{t}$ と $X \in V_{\lambda_1, \cdots, \lambda_m}$ に対し，

$$[Y, X] = c_1[Y_1, X] + \cdots + c_m[Y_m, X] = (c_1 \lambda_1 + \cdots + c_m \lambda_m) X \tag{2.2}$$

となるので，X は $\mathrm{ad}(Y)$ の固有ベクトルである．よって (2.1) はすべての $\mathrm{ad}(Y)$, $Y \in \mathfrak{t}$ に対する同時固有空間分解である．

ここで，$\mathfrak{t}$ は極大可換，すなわち $\mathfrak{t}$ のすべての元と可換な $\mathfrak{g}$ の元は $\mathfrak{t}$ に含まれるとしよう．したがって，

$$V_{0, \cdots, 0} = \mathfrak{t}_C \tag{2.3}$$

である．$V_{\lambda_1, \cdots, \lambda_m} \neq \{0\}$ となる固有値の組 $(\lambda_1, \cdots, \lambda_m)$ の集合 $\tilde{\Delta}$ は $i\boldsymbol{R}^m$ の中の有限集合であるから，

$$c_1 \lambda_1 + \cdots + c_m \lambda_m \neq 0$$

がすべての $(\lambda_1, \cdots, \lambda_m) \in \tilde{\Delta} - \{(0, \cdots, 0)\}$ に対して成り立つように $c_1, \cdots, c_m \in \boldsymbol{R}$ を取ることができる．

$$Y = c_1 Y_1 + \cdots + c_m Y_m$$

とおけば，(2.2), (2.3) により

$$\mathfrak{z}_\mathfrak{g}(Y) = \mathfrak{t}$$

が成り立つ．定理 2.3 により，

$$h^{-1}Yh = Y(\theta_1, \cdots, \theta_n)$$

となる $h \in SU(n)$ が存在する．よって，

$$\mathrm{Ad}(h^{-1})\mathfrak{t} = \mathrm{Ad}(h^{-1})_{\delta_0}(Y) = {}_{\delta_0}(Y(\theta_1, \cdots, \theta_n)) \supset \mathfrak{t}_0$$

であるが，$\mathfrak{t}_0$ も極大可換であるので

$$\mathrm{Ad}(h^{-1})\mathfrak{t} = \mathfrak{t}_0$$

となる．以上により，次の定理が証明された．（定理 1.11 も同じ論法で証明できる．）

定理 2.5 $\mathfrak{t}$ を $\mathfrak{g}$ の極大可換部分空間とすると，ある $h \in SU(n)$ が存在して，

$$\mathfrak{t} = \mathrm{Ad}(h)\mathfrak{t}_0$$

となる．

$SO(n)$ のときと同様に，$\mathfrak{g} = \mathfrak{u}(n)$ の極大可換部分空間 $\mathfrak{t}$ によって

$$T = \exp \mathfrak{t}$$

と書ける $G = U(n)$ の部分群は**極大トーラス**と呼ばれる．

$$T_0 = \exp \mathfrak{t}_0 = \left\{ \begin{pmatrix} a_1 & & 0 \\ & \ddots & \\ 0 & & a_n \end{pmatrix} \middle| \, |a_j| = 1 \right\}$$

は G の 1 つの極大トーラスである．定理 2.5 により，

系 2.6 任意の $U(n)$ の極大トーラス T に対し，ある $h \in SU(n)$ が存在して，

$$T = hT_0 h^{-1}$$

となる．

注意：以上のことはすべて $SU(n)$ あるいは $\mathfrak{su}(n)$ に制限しても成り立つ．

問 2.2 $\mathfrak{t} = \left\{ \begin{pmatrix} ia & 0 & -b \\ 0 & ic & 0 \\ b & 0 & ia \end{pmatrix} \middle| \, a, b, c \in \mathbf{R} \right\} \subset \mathfrak{u}(3)$ のとき，$\mathrm{Ad}(h^{-1})\mathfrak{t} = \mathfrak{t}_0$

となる $h \in SU(3)$ を1つ与えよ．

2.6 ワイル群

定理 2.5 における
$$\mathfrak{t} = \mathrm{Ad}(h)\mathfrak{t}_0$$
となる $h \in SU(n)$ がどのくらいあるかを考えよう．$G = U(n)$ で考える方が簡単なので，$h \in U(n)$ とする．$h' \in U(n)$ も
$$\mathfrak{t} = \mathrm{Ad}(h')\mathfrak{t}_0$$
を満たすとすると，
$$\mathrm{Ad}(h^{-1}h')\mathfrak{t}_0 = \mathfrak{t}_0$$
となるので，$\mathfrak{t}_0$ の G における**正規化群**(normalizer)
$$N_G(\mathfrak{t}_0) = \{g \in G \mid \mathrm{Ad}(g)\mathfrak{t}_0 = \mathfrak{t}_0\}$$
を定義すれば，
$$h^{-1}h' \in N_G(\mathfrak{t}_0)$$
すなわち
$$h' \in hN_G(\mathfrak{t}_0)$$
となって，右剰余類 $G/N_G(\mathfrak{t}_0)$ の問題に帰着するので，$N_G(\mathfrak{t}_0)$ を調べればよい．

例題 2.7 $n = 2$ のとき，$N_G(\mathfrak{t}_0)$ を求めよ．

解 $\mathfrak{t}_0$ の regular element
$$Y = \begin{pmatrix} \lambda_1 & 0 \\ 0 & \lambda_2 \end{pmatrix} \quad (\lambda_1, \lambda_2 \in i\boldsymbol{R}, \ \lambda_1 \neq \lambda_2)$$
を取り，
$$\mathrm{Ad}(g)\,Y = gYg^{-1} \in \mathfrak{t}_0$$
とする．
$$g = \begin{pmatrix} a & b \\ c & d \end{pmatrix}, \quad gYg^{-1} = \begin{pmatrix} \mu_1 & 0 \\ 0 & \mu_2 \end{pmatrix}$$

とおくと，
$$gY = \begin{pmatrix} \mu_1 & 0 \\ 0 & \mu_2 \end{pmatrix} g$$
であるから
$$\begin{pmatrix} a\lambda_1 & b\lambda_2 \\ c\lambda_1 & c\lambda_2 \end{pmatrix} = \begin{pmatrix} a\mu_1 & b\mu_1 \\ c\mu_2 & d\mu_2 \end{pmatrix} \tag{2.4}$$
となる．$|a|^2 + |c|^2 = 1$ であるから，$a \neq 0$ または $c \neq 0$ であるが，(2.4) より，$a \neq 0$ のとき
$$\lambda_1 = \mu_1, \quad \lambda_2 = \mu_2, \quad b = c = 0$$
であり，$c \neq 0$ のとき
$$\lambda_1 = \mu_2, \quad \lambda_2 = \mu_1, \quad a = d = 0$$
であることがわかる．よって，
$$N_G(t_0) = \left\{ \begin{pmatrix} a & 0 \\ 0 & d \end{pmatrix} \middle| |a| = |d| = 1 \right\} \sqcup \left\{ \begin{pmatrix} 0 & b \\ c & 0 \end{pmatrix} \middle| |b| = |c| = 1 \right\}$$
$$= T_0 \sqcup \begin{pmatrix} 0 & 1 \\ 1 & 0 \end{pmatrix} T_0$$

$\boldsymbol{R}^n$ の標準基底
$$e_1 = \begin{pmatrix} 1 \\ 0 \\ \vdots \\ 0 \end{pmatrix}, \cdots, e_n = \begin{pmatrix} 0 \\ \vdots \\ 0 \\ 1 \end{pmatrix}$$
を並べ替えて得られる行列
$$\begin{pmatrix} e_{\sigma(1)} & \cdots & e_{\sigma(n)} \end{pmatrix}$$
(σ は $\{1, \cdots, n\}$ の置換)は**置換行列**と呼ばれる．置換行列の集合は位数 $n!$ の有限群であるがこれを $\tilde{W}$ で表わそう．(明らかに，$\tilde{W}$ は $\{1, \cdots, n\}$ のすべての置換のなす群，すなわち n 次対称群 S_n と同型である．) 例えば，$n = 3$ のとき，$\tilde{W}$ は次の 6 つの行列から成る．
$$\begin{pmatrix} 1 & 0 & 0 \\ 0 & 1 & 0 \\ 0 & 0 & 1 \end{pmatrix}, \quad \begin{pmatrix} 1 & 0 & 0 \\ 0 & 0 & 1 \\ 0 & 1 & 0 \end{pmatrix}, \quad \begin{pmatrix} 0 & 1 & 0 \\ 1 & 0 & 0 \\ 0 & 0 & 1 \end{pmatrix},$$

$$\begin{pmatrix} 0 & 0 & 1 \\ 1 & 0 & 0 \\ 0 & 1 & 0 \end{pmatrix}, \quad \begin{pmatrix} 0 & 1 & 0 \\ 0 & 0 & 1 \\ 1 & 0 & 0 \end{pmatrix}, \quad \begin{pmatrix} 0 & 0 & 1 \\ 0 & 1 & 0 \\ 1 & 0 & 0 \end{pmatrix}$$

例題 2.7 と同様にして，次の定理が証明できる．

定理 2.8 $\quad N_G(t_0) = \bigsqcup_{w \in \tilde{W}} w T_0$

剰余群
$$W = N_G(t_0)/T_0 \cong \tilde{W}$$
は $G = U(n)$ の t_0 に関する**ワイル群**(Weyl group)と呼ばれる．

2.7　ワイル群の it_0 への作用

$N_G(t_0)$ の元は adjoint action によって t_0 を t_0 に移すが，その中で T_0 は t_0 の恒等写像を引き起こすもののなす部分群である．したがって，$W = N_G(t_0)/T_0$ は t_0 上の $\tilde{W}$ の作用のなす群とみなすのが自然である．i をかけて it_0 上で考えても作用は同じであるので，it_0 上の $\tilde{W}$ の作用を考えよう．

$$d(a_1, \cdots, a_n) = \begin{pmatrix} a_1 & & 0 \\ & \ddots & \\ 0 & & a_n \end{pmatrix}$$

とおくと，
$$it_0 = \{d(a_1, \cdots, a_n) \mid a_1, \cdots, a_n \in \boldsymbol{R}\}$$
であるので，
$$d(a_1, \cdots, a_n) \longmapsto (a_1, \cdots, a_n)$$
によって，it_0 と $\boldsymbol{R}^n$ を自然に同一視しよう．

例 2.9　$n = 3$ で
$$w = w_{12} = \begin{pmatrix} 0 & 1 & 0 \\ 1 & 0 & 0 \\ 0 & 0 & 1 \end{pmatrix}$$

(w は $\{1, 2, 3\}$ の 1 と 2 を入れ替える互換に対応) のときを考えてみよう．

$$\mathrm{Ad}(w)\, d(a_1, a_2, a_3) = \begin{pmatrix} 0 & 1 & 0 \\ 1 & 0 & 0 \\ 0 & 0 & 1 \end{pmatrix} \begin{pmatrix} a_1 & 0 & 0 \\ 0 & a_2 & 0 \\ 0 & 0 & a_3 \end{pmatrix} \begin{pmatrix} 0 & 1 & 0 \\ 1 & 0 & 0 \\ 0 & 0 & 1 \end{pmatrix}$$
$$= d(a_2, a_1, a_3)$$

となるので，$\mathrm{Ad}(w)|_{it_0}$ は $\mathbf{R}^3$ 内の平面 $x = y$ に関する**鏡映**(reflection)である．平面 $x = y$ はルート $\alpha = \varepsilon_1 - \varepsilon_2$（または $-\alpha = \varepsilon_2 - \varepsilon_1$）の零点集合なので，$\mathrm{Ad}(w)|_{it_0}$ は $\pm \alpha$ に関する鏡映と言ってもよい．$it_0 \cong \mathbf{R}^3$ 上の自然な内積によって，

$\quad \varepsilon_1,\ \varepsilon_2,\ \varepsilon_3$

をそれぞれ

$\quad d(1, 0, 0),\ d(0, 1, 0),\ d(0, 0, 1)$

と同一視すれば，w の作用によって ε_1 と ε_2 が入れ替わり，ε_3 は不変であるので，たとえば

$\quad w(\varepsilon_1 - \varepsilon_3) = \varepsilon_2 - \varepsilon_3$

となって，w は集合 Δ をそれ自身に移すことがわかる (図 2.1)．この同一視によれば Δ は it_0 内の平面

$\quad \{d(x, y, z) \in it_0 \mid x + y + z = 0\} = i(t_0 \cap \mathfrak{su}(n))$

に含まれ，図 2.1 のような正 6 角形の頂点の集合であることに注意する．

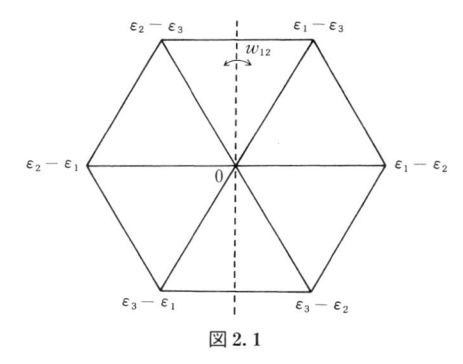

図 2.1

$$w_{23} = \begin{pmatrix} 1 & 0 & 0 \\ 0 & 0 & 1 \\ 0 & 1 & 0 \end{pmatrix}, \quad w_{13} = \begin{pmatrix} 0 & 0 & 1 \\ 0 & 1 & 0 \\ 1 & 0 & 0 \end{pmatrix}$$

についても，同様にしてそれぞれ $\pm(\varepsilon_2-\varepsilon_3)$, $\pm(\varepsilon_1-\varepsilon_3)$ に関する鏡映であるので，Δ をそれ自身に移す．$\widetilde{W}$ は w_{12} と w_{23} で生成されるので，Δ は W の作用によって保たれることがわかった．

一般の n についても，同様にして $w_{jk} \in \widetilde{W}$ ($j \neq k$) を定義すると，$\mathrm{Ad}(w_{jk})|_{it_0}$ はルート $\varepsilon_j - \varepsilon_k$ に関する鏡映であることがわかり，Δ が W の作用によって保たれることもわかる．

2.8 ルートの基本系とディンキン図形

it_0 の regular element の集合 $(it_0)_{\mathrm{reg}}$ は
$$\{d(a_1, \cdots, a_n) \mid a_j \in \mathbf{R}, \; j \neq k \Longrightarrow a_j \neq a_k\}$$
と表わせ，これは $n!$ 個の連結成分から成るが，その1つの典型的な連結成分
$$(it_0)_+ = \{d(a_1, \cdots, a_n) \mid a_1 > \cdots > a_n\} \tag{2.5}$$
を考えよう．任意のルート $\alpha = \varepsilon_j - \varepsilon_k$ を $(t_0)_{\mathbf{C}}$ に複素線形に拡張すると，
$$\alpha(d(a_1, \cdots, a_n)) = a_j - a_k$$
であるから，任意の $Y \in (it_0)_+$ に対し，
$$\alpha(Y) \begin{cases} > 0 & (j < k \text{ のとき}) \\ < 0 & (j > k \text{ のとき}) \end{cases}$$
である．このようにして，$(it_0)_+$ によって，**正のルート**の集合
$$\Delta_+ = \{\varepsilon_j - \varepsilon_k \mid j < k\}$$
と**負のルート**の集合
$$\Delta_- = \{\varepsilon_j - \varepsilon_k \mid j > k\}$$
を定義することができる．Δ_+ の1次独立な元からなる部分集合
$$\Psi = \{\varepsilon_1 - \varepsilon_2, \varepsilon_2 - \varepsilon_3, \cdots, \varepsilon_{n-1} - \varepsilon_n\}$$
によって，(2.5)は
$$(it_0)_+ = \{Y \in it_0 \mid \alpha(Y) > 0 \text{ for all } \alpha \in \Psi\}$$

と書きなおすことができる．さらに，Δ_+ の元は Ψ の元の(正整数係数の)和として一意的に表わされることがわかる．Ψ の元は Δ_+ の simple root と呼ばれ，Ψ は Δ の(1つの)**基本系**と呼ばれる．

$i\mathfrak{t}_0$ の双対空間上の内積 (,) を $\varepsilon_1,\cdots,\varepsilon_n$ が正規直交基底になるように定義すると，Ψ の元の長さはすべて $\sqrt{2}$ で等しく，
$$(\varepsilon_{j-1}-\varepsilon_j,\ \varepsilon_j-\varepsilon_{j+1})=-1$$
であるから，隣り合う2つのルートのなす角は $120°$ であり，隣り合わない2つのルートは直交していることがわかる．Ψ の各ルートに対して白丸を描き，2つのルートのなす角が $120°$ のときに対応する2つの白丸を線で結ぶと図2.2のグラフが描ける．これを $\mathfrak{u}(n)$ のルート系 Δ の**ディンキン図形(Dynkin diagram)** という．

$$\underset{\varepsilon_1-\varepsilon_2}{\circ}\!\!-\!\!\underset{\varepsilon_2-\varepsilon_3}{\circ}\!\!-\!\!-\!\!-\!\!-\!\!-\!\!-\!\!\underset{\varepsilon_{n-2}-\varepsilon_{n-1}}{\circ}\!\!-\!\!\underset{\varepsilon_{n-1}-\varepsilon_n}{\circ}$$

図 2.2

注意：ディンキン図形が $(i\mathfrak{t}_0)_{\text{reg}}$ の連結成分の取り方に依存しないことを示す必要があるが，次のようにすればよい．$(i\mathfrak{t}_0)_{\text{reg}}$ の任意の連結成分はあるワイル群の元 w によって，
$$w(i\mathfrak{t}_0)_+$$
と書ける．2.7節で示したように，w は Δ にも自然に作用し，内積 (,) を不変にするので，$w(i\mathfrak{t}_0)_+$ を定義する $w\Psi$ のディンキン図形が Ψ のディンキン図形と同じになるのは明らかであろう．

$\mathfrak{u}(n)(\mathfrak{su}(n))$ のルート系 Δ は「ルート系」と呼ばれるものの中で最も基本的なので A_{n-1} 型と名づけられている．$(n-1=|\Psi|=\dim(\mathfrak{t}_0\cap\mathfrak{su}(n))$

問 2.3 $n=4$ のとき，$\Psi=\{\varepsilon_1-\varepsilon_2,\varepsilon_2-\varepsilon_3,\varepsilon_3-\varepsilon_4\}$ であるが，$\varepsilon_3-\varepsilon_4$ を $-(\varepsilon_1+\varepsilon_2)$ で置きかえれば，$\boldsymbol{R}^3$ 内に実現できる．このとき Δ は1辺の長さ2の立方体のすべての辺の中点の集合であることを示せ．

第3章

$SO(n)$ のルート系

　前章でユニタリ群 $U(n)$ についてルート系，ワイル群，ディンキン図形まで詳しく述べたが，本書で最初に扱った特殊直交群 $SO(n)$ については極大可換部分空間，極大トーラスの話で終わっていた．したがって，$SO(n)$ のルート系はいったいどのようなものであろうかというのが，次に説明すべきことであろう．この章では，$SO(n)$ についてルート系，ワイル群，ディンキン図形を調べてみる．原理的には $\mathfrak{g} = \mathfrak{so}(n)$ の複素化 $\mathfrak{g}_C = \mathfrak{so}(n, \boldsymbol{C})$ を $\mathrm{ad}(Y)$ ($Y \in \mathfrak{t}$, $\mathfrak{t}$ は $\mathfrak{g}$ の極大可換部分空間)に関して同時固有空間分解をすればよいのであるが，Y が対角行列でないために計算が面倒である．

3.1　$n = 3$ のとき

　$n = 3$ のとき，
$$\mathfrak{g}_C = \mathfrak{so}(3, \boldsymbol{C}) = \{X(x, y, z) \mid x, y, z \in \boldsymbol{C}\}$$
$$X(x, y, z) = \begin{pmatrix} 0 & -x & -y \\ x & 0 & -z \\ y & z & 0 \end{pmatrix}$$
であるが，
$$Y = \begin{pmatrix} 0 & 0 & -1 \\ 0 & 0 & 0 \\ 1 & 0 & 0 \end{pmatrix}$$
について，$\mathrm{ad}(Y): \mathfrak{g}_C \to \mathfrak{g}_C$ を固有空間に分解しよう．($\mathfrak{t} = \boldsymbol{R}Y$ は $\mathfrak{g} = \mathfrak{so}(3)$ の1つの極大可換部分空間である．)
$$\mathrm{ad}(Y)X(x, y, z) = YX(x, y, z) - X(x, y, z)Y$$

$$= \begin{pmatrix} -y & -z & 0 \\ 0 & 0 & 0 \\ 0 & -x & -y \end{pmatrix} - \begin{pmatrix} -y & 0 & 0 \\ -z & 0 & -x \\ 0 & 0 & -y \end{pmatrix}$$

$$= \begin{pmatrix} 0 & -z & 0 \\ z & 0 & x \\ 0 & -x & 0 \end{pmatrix}$$

であるから,

$$X_+ = \begin{pmatrix} 0 & -1 & 0 \\ 1 & 0 & -i \\ 0 & i & 0 \end{pmatrix}, \quad X_- = \begin{pmatrix} 0 & -1 & 0 \\ 1 & 0 & i \\ 0 & -i & 0 \end{pmatrix}$$

とおくと, $\boldsymbol{C}X_\pm$ は $\mathrm{ad}(Y)$ の $\pm i$-固有空間であり, $\mathfrak{g}_C$ は

$$\mathfrak{g}_C = \boldsymbol{C}Y \oplus \boldsymbol{C}X_+ \oplus \boldsymbol{C}X_-$$

と固有空間分解できる.

例 1.3 のように強引に Y を対角化してみよう. Y の固有値は $i, 0, -i$ であり, 固有ベクトルはそれぞれ

$$k\begin{pmatrix} 1 \\ 0 \\ -i \end{pmatrix}, \quad \ell\begin{pmatrix} 0 \\ 1 \\ 0 \end{pmatrix}, \quad m\begin{pmatrix} -i \\ 0 \\ 1 \end{pmatrix} \quad (k, \ell, m \in \boldsymbol{C})$$

であるので,

$$c = \frac{1}{\sqrt{2}} \begin{pmatrix} 1 & 0 & -i \\ 0 & 1-i & 0 \\ -i & 0 & 1 \end{pmatrix} \in U(3) \tag{3.1}$$

とおけば,

$$\mathrm{Ad}(c^{-1})\,Y = c^{-1}Yc = \begin{pmatrix} i & 0 & 0 \\ 0 & 0 & 0 \\ 0 & 0 & -i \end{pmatrix} = Y'$$

と対角化できる.

$\mathfrak{g}'_C = \mathrm{Ad}(c^{-1})\mathfrak{g}_C$ がどのような集合であるかが問題である. $X \in \mathrm{Ad}(c^{-1})\mathfrak{g}_C$ のとき,

$${}^t(\mathrm{Ad}(c)X) = -\mathrm{Ad}(c)X$$

であるから

$$ {}^t c^{-1}\, {}^t X\, {}^t c = -cXc^{-1}, \qquad {}^t X\, {}^t cc = -{}^t ccX $$

すなわち

$$ {}^t X \begin{pmatrix} 0 & 0 & -i \\ 0 & -i & 0 \\ -i & 0 & 0 \end{pmatrix} = -\begin{pmatrix} 0 & 0 & -i \\ 0 & -i & 0 \\ -i & 0 & 0 \end{pmatrix} X $$

である．両辺に i をかけて，

$$ {}^t X \begin{pmatrix} 0 & 0 & 1 \\ 0 & 1 & 0 \\ 1 & 0 & 0 \end{pmatrix} = -\begin{pmatrix} 0 & 0 & 1 \\ 0 & 1 & 0 \\ 1 & 0 & 0 \end{pmatrix} X \tag{3.2} $$

となる．よって，$\mathfrak{g}'_C$ は (3.2) を満たす複素行列の集合であることがわかる．具体的に書くと，

$$ \mathfrak{g}'_C = \left\{ \begin{pmatrix} x & y & 0 \\ z & 0 & -y \\ 0 & -z & -x \end{pmatrix} \middle| \; x, y, z \in \boldsymbol{C} \right\} $$

となる．$\mathrm{ad}(Y')$ に関する $\mathfrak{g}'_C$ の固有空間分解は簡単であって，

$$ X'_+ = \begin{pmatrix} 0 & 1 & 0 \\ 0 & 0 & -1 \\ 0 & 0 & 0 \end{pmatrix}, \qquad X'_- = \begin{pmatrix} 0 & 0 & 0 \\ 1 & 0 & 0 \\ 0 & -1 & 0 \end{pmatrix} $$

とおくとき，$\boldsymbol{C} X'_\pm$ は $\pm i$-固有空間であり，

$$ \mathfrak{g}'_C = \boldsymbol{C} Y' \oplus \boldsymbol{C} X'_+ \oplus \boldsymbol{C} X'_- $$

となる．

注意：$\mathrm{Ad}(c) X'_+$ を計算すると，X_+ の定数倍になるはずであるが，確かめてみると

$$ \mathrm{Ad}(c) X'_+ = c X'_+ c^{-1} = c X'_+ {}^t \bar{c} $$

$$ = \frac{1}{2} \begin{pmatrix} 1 & 0 & -i \\ 0 & 1-i & 0 \\ -i & 0 & 1 \end{pmatrix} \begin{pmatrix} 0 & 1 & 0 \\ 0 & 0 & -1 \\ 0 & 0 & 0 \end{pmatrix} \begin{pmatrix} 1 & 0 & i \\ 0 & 1+i & 0 \\ i & 0 & 1 \end{pmatrix} $$

$$ = \frac{1}{2} \begin{pmatrix} 0 & 1 & 0 \\ 0 & 0 & -1+i \\ 0 & -i & 0 \end{pmatrix} \begin{pmatrix} 1 & 0 & i \\ 0 & 1+i & 0 \\ i & 0 & 1 \end{pmatrix} $$

$$= \frac{1}{2}\begin{pmatrix} 0 & 1+i & 0 \\ -1-i & 0 & -1+i \\ 0 & 1-i & 0 \end{pmatrix} = \frac{-1-i}{2} X_+$$

同様にして,$\mathrm{Ad}(c)X'_- = \dfrac{1-i}{2} X_-$ も得られる.

3.2　$n=2m+1$ のとき(B_m 型)

$$I'_n = \begin{pmatrix} 0 & & 1 \\ & \iddots & \\ 1 & & 0 \end{pmatrix}$$

とおき,(3.1)と同様に

$$c = \frac{1}{\sqrt{2}}(I_n - iI'_n)$$

とおく.

$$Y(\theta_1, \cdots, \theta_m) = \begin{pmatrix} 0 & & & & & & -\theta_1 \\ & & & & & \iddots & \\ & & & & -\theta_m & & \\ & & & 0 & & & \\ & & \theta_m & & & & \\ & \iddots & & & & & \\ \theta_1 & & & & & & 0 \end{pmatrix}$$

の集合 $\mathfrak{t} = \{Y(\theta_1, \cdots, \theta_m) \mid \theta_1, \cdots, \theta_m \in \boldsymbol{R}\}$ は $\mathfrak{g}$ の極大可換部分空間であるが,前節と同様にして,$Y(\theta_1, \cdots, \theta_m)$ は $\mathrm{Ad}(c^{-1})$ によって

$$\mathrm{Ad}(c^{-1})Y(\theta_1, \cdots, \theta_m) = c^{-1}Y(\theta_1, \cdots, \theta_m)c$$

$$= \begin{pmatrix} i\theta_1 & & & & & & 0 \\ & \ddots & & & & & \\ & & i\theta_m & & & & \\ & & & 0 & & & \\ & & & & -i\theta_m & & \\ & & & & & \ddots & \\ 0 & & & & & & -i\theta_1 \end{pmatrix} = Y'(\theta_1, \cdots, \theta_m)$$

と対角化でき,$\mathfrak{g}_c$ は

$$\mathfrak{g}'_C = \mathrm{Ad}(c^{-1})\mathfrak{g}_C = \{X \in \mathfrak{gl}(n, \boldsymbol{C}) \mid I'_n{}^t X I'_n = -X\}$$
$$= \bigoplus_{j+k \leq n} \boldsymbol{C}(E_{jk} - E_{n+1-k,n+1-j})$$

に移る. $\theta_{m+1} = 0$, $\theta_{m+2} = -\theta_m$, $\cdots$, $\theta_n = -\theta_1$ とおくと, $Y' = Y'(\theta_1, \cdots, \theta_m)$ について 2.4 節と同様に

$$[Y', E_{jk}] = i(\theta_j - \theta_k) E_{jk}$$

であるから

$$[Y', E_{jk} - E_{n+1-k,n+1-j}]$$
$$= i(\theta_j - \theta_k) E_{jk} - i(\theta_{n+1-k} - \theta_{n+1-j}) E_{n+1-k,n+1-j}$$
$$= i(\theta_j - \theta_k) E_{jk} - i(-\theta_k + \theta_j) E_{n+1-k,n+1-j}$$
$$= i(\theta_j - \theta_k)(E_{jk} - E_{n+1-k,n+1-j})$$

となって, $\boldsymbol{C}(E_{jk} - E_{n+1-k,n+1-j})$ は $\mathrm{ad}(Y')$ ($Y' \in \mathfrak{t}' = \mathrm{Ad}(c^{-1})\mathfrak{t}$) に関する同時固有空間であることがわかる. したがって,

$$\varepsilon_j \colon Y'(\theta_1, \cdots, \theta_m) \longmapsto i\theta_j \qquad (j = 1, \cdots, n = 2m+1)$$

とおくと, $\mathfrak{g}'_C$ の $\mathfrak{t}'$ に関するルート系 Δ は

$$\Delta = \{\varepsilon_j - \varepsilon_k \mid j+k \leq n, j \neq k\}$$

であるが, $\varepsilon_{m+1} = 0$, $\varepsilon_{n+1-j} = -\varepsilon_j$ であるので

$$\Delta = \{\pm(\varepsilon_j - \varepsilon_k) \mid j < k\} \sqcup \{\pm \varepsilon_j\} \sqcup \{\pm(\varepsilon_j + \varepsilon_k) \mid j < k\}$$

($1 \leq j \leq m$, $1 \leq k \leq m$) となる. Δ の元の数は

$$|\Delta| = m(m-1) + 2m + m(m-1) = 2m^2$$
$$\left(= \dim \mathfrak{g} - \dim \mathfrak{t} = \frac{n(n-1)}{2} - m\right)$$

である. $n=5$ のとき, Δ は図 3.1 のような 8 個の元からなり, $n=7$ のとき, 図 3.2 のような 18 個の元からなる(立方体のすべての面の中心と辺の中点).

ワイル群を計算するために, $G = SO(n)$ に共役な群 $G' = c^{-1}Gc$ を求める必要がある.

$$G = \{g \in SU(n) \mid \bar{g} = g\}$$

であることに注意しよう. $g \in G'$ とすると,

$$\overline{cgc^{-1}} = cgc^{-1}$$

これを変形していくと

$$\bar{g} = \bar{c}^{-1} cgc^{-1} \bar{c} = c^2 g c^{-2} = (-iI'_n) g (-iI'_n)^{-1} = I'_n g I'_n$$

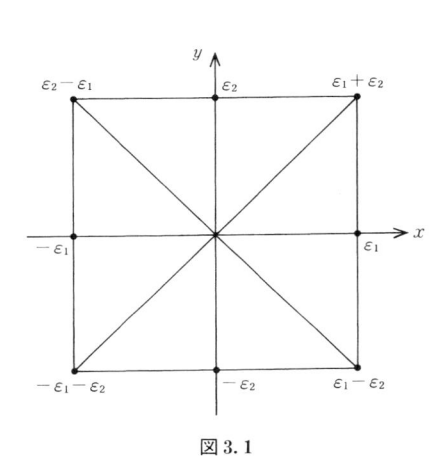

図 3.1

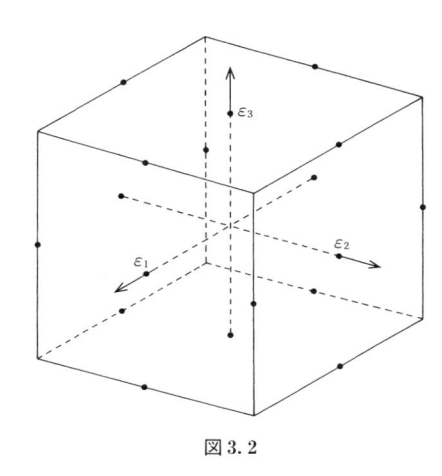

図 3.2

となるので,
$$G' = \{g \in SU(n) \mid \bar{g} = I'_n g I'_n\} = \{(g_{jk}) \in SU(n) \mid \overline{g_{jk}} = g_{n+1-j, n+1-k}\} \tag{3.3}$$
である.

2.6 節と同様に $N_G(\mathrm{t})$ を求めたいのであるが,
$$c^{-1} N_G(\mathrm{t}) c = N_{G'}(\mathrm{t}')$$
を求めればよい. 2.6 節と同様に t' の regular element に注目して, $g \in N_{G'}(\mathrm{t}')$ の各行・各列は 1 箇所だけ 0 以外の成分を持つことがわかる. すなわち

$g = wd$　　(w は置換行列, d は対角行列)

である. (3.3)により, さらに w は $(m+1, m+1)$-成分に関して点対称な行列であることがわかる. 式で書けば
$$we_j = e_k \Longrightarrow we_{n+1-j} = e_{n+1-k} \tag{3.4}$$
(特に, $we_{m+1} = e_{m+1}$)である.

w の $i\mathrm{t}'$ への作用を調べよう.
$$d(a_1, \cdots, a_m, 0, -a_m, \cdots, -a_1) \longmapsto (a_1, \cdots, a_m)$$
によって $i\mathrm{t}'$ は $\boldsymbol{R}^m$ と自然に対応するが, さらに $\boldsymbol{R}^m$ 上の自然な内積によってルート $\varepsilon_1, \cdots, \varepsilon_m$ と $\boldsymbol{R}^m$ の標準基底

$(1, 0, \cdots, 0), \cdots, (0, \cdots, 0, 1)$

が対応するので，この2つの対応を合成して ε_j は $E_{jj}-E_{n+1-j,n+1-j}$ に対応する．$we_j = e_k$ のとき，
$$wE_{jj}w^{-1} = E_{kk}$$
であり，(3.4)により $we_{n+1-j} = e_{n+1-k}$ であるので
$$wE_{n+1-j,n+1-j}w^{-1} = E_{n+1-k,n+1-k}$$
となる．よって
$$w(E_{jj}-E_{n+1-j,n+1-j})w^{-1} = E_{kk}-E_{n+1-k,n+1-k}$$
となるので，w の ε_j への作用は
$$w\varepsilon_j = \begin{cases} \varepsilon_k & (k \leq m \text{ のとき}) \\ -\varepsilon_{n+1-k} & (k \geq m+2 \text{ のとき}) \end{cases}$$
となる．w は $\boldsymbol{R}^m$ の座標軸の集合 $\{\boldsymbol{R}\varepsilon_1, \cdots, \boldsymbol{R}\varepsilon_m\}$ の置換を引き起こし，各座標軸に対して符号 $\pm$ が任意に取り得るので，ワイル群 $W \cong N_{G'}(\mathrm{t}')/T'$ ($T' = \exp \mathrm{t}'$) の位数 $|W|$ は
$$|W| = 2^m m!$$
で与えられる．

例 3.1 $n = 5$ のときを考えよう(図 3.1 参照)．このとき，$|W| = 2^2 \times 2! = 8$ であるが，ルートに関する鏡映は4つあって，

- $\alpha = \pm(\varepsilon_1 - \varepsilon_2)$ のとき，$w\varepsilon_1 = \varepsilon_2$, $w\varepsilon_2 = \varepsilon_1$ (直線 $x = y$ に関する線対称)
- $\alpha = \pm(\varepsilon_1 + \varepsilon_2)$ のとき，$w\varepsilon_1 = -\varepsilon_2$, $w\varepsilon_2 = -\varepsilon_1$ (直線 $x+y = 0$ に関する線対称)
- $\alpha = \pm\varepsilon_1$ のとき，$w\varepsilon_1 = -\varepsilon_1$, $w\varepsilon_2 = \varepsilon_2$ (y 軸に関する線対称)
- $\alpha = \pm\varepsilon_2$ のとき，$w\varepsilon_1 = \varepsilon_1$, $w\varepsilon_2 = -\varepsilon_2$ (x 軸に関する線対称)

である．残りの4つの元は原点のまわりの $0°$, $90°$, $180°$, $270°$ の回転である．これらは上記の鏡映の積で表わせる．これらの作用によってルート系 Δ がそれ自身に移されることも明らかであろう．

任意の置換が互換の積で書けることを用いれば，任意の $n = 2m+1$ に対しても，同様にして W がルートに関する鏡映で生成されることがわかる．さら

に，W の各元が Δ をそれ自身に移すことも示せる．

問 3.1 $n=5$ のとき，W のすべての元は $\varepsilon_1-\varepsilon_2$ に関する鏡映 w_1 と ε_2 に関する鏡映 w_2 をかけ合わせて（同じものを何回使ってもよい）得られることを示せ．

t' の複素化 t'_C は次の形の対角行列
$$Y = d(a_1, \cdots, a_m, 0, -a_m, \cdots, -a_1) \qquad (a_1, \cdots, a_m \in \boldsymbol{C})$$
の集合であり，ルートは t'_C 上に複素線形に自然に拡張されるが，すべてのルート $\alpha \in \Delta$ に対し，
$$\alpha(Y) \neq 0$$
のとき，前節と同様に Y は regular であるという．it' の regular element の集合
$$(it')_{\mathrm{reg}} = \{d(a_1, \cdots, a_m, 0, -a_m, \cdots, -a_1) \mid$$
$$a_j \in \boldsymbol{R}, \ a_j \neq 0, \ a_j \pm a_k \neq 0 \ (j \neq k)\}$$
は $2^m m!$ 個の連結成分を持つ．たとえば $n=5$ のとき，図 3.1 において 4 直線 x 軸，y 軸，$x=y$，$x+y=0$ で区切られた 8 つの領域がそうである．これらの中でもっとも典型的な連結成分
$$(it')_+ = \{d(a_1, \cdots, a_m, 0, -a_m, \cdots, -a_1) \mid a_1 > a_2 > \cdots > a_m > 0\} \tag{3.5}$$
を考えよう．
$$\Delta_+ = \{\varepsilon_j - \varepsilon_k \mid j < k\} \sqcup \{\varepsilon_j\} \sqcup \{\varepsilon_j + \varepsilon_k \mid j < k\}$$
とおくと，
$$\Delta = \Delta_+ \sqcup (-\Delta_+)$$
であり，任意の $Y \in (it')_+$ に対して，
$$\Delta_+ = \{\alpha \in \Delta \mid \alpha(Y) > 0\}$$
が成り立つ．このように，$(it')_+$ から Δ の正のルートの集合 Δ_+ と負のルートの集合 $-\Delta_+$ が決まる．
$$\Psi = \{\varepsilon_1 - \varepsilon_2, \varepsilon_2 - \varepsilon_3, \cdots, \varepsilon_{m-1} - \varepsilon_m, \varepsilon_m\}$$
とおくと，(3.5) は

$$(it')_+ = \{Y \in it' \mid \alpha(Y) > 0 \text{ for all } \alpha \in \Psi\}$$

と書きなおして，さらに，任意の Δ_+ のルートは Ψ の元の正整数係数 1 次結合で表わされる．たとえば $n = 5$ のとき，

$$\Delta_+ = \{\varepsilon_1 - \varepsilon_2, \varepsilon_1, \varepsilon_2, \varepsilon_1 + \varepsilon_2\}, \quad \Psi = \{\varepsilon_1 - \varepsilon_2, \varepsilon_2\}$$

であるが，

$$\varepsilon_1 = (\varepsilon_1 - \varepsilon_2) + \varepsilon_2, \quad \varepsilon_1 + \varepsilon_2 = (\varepsilon_1 - \varepsilon_2) + 2\varepsilon_2$$

となる．$U(n)$ のときと同様に，Ψ は Δ の 1 つの**基本系**と呼ばれる．

Ψ のディンキン図形は次のように描く．$\varepsilon_1 - \varepsilon_2, \varepsilon_2 - \varepsilon_3, \cdots, \varepsilon_{m-1} - \varepsilon_m$ については $U(m)$ のときと同じなので，$m-1$ 個の白丸を並べて，隣り合うもの (2 つのルートのなす角が 120°) を線分で結ぶ．次に，ε_m に対する白丸も 1 つ描き，ε_m は $\varepsilon_1 - \varepsilon_2, \cdots, \varepsilon_{m-2} - \varepsilon_{m-1}$ と直交し，$\varepsilon_{m-1} - \varepsilon_m$ と 135° の角をなすので右端の ($\varepsilon_{m-1} - \varepsilon_m$ に対応する) 白丸とだけ**二重線**で結び，長い方 ($\varepsilon_{m-1} - \varepsilon_m$) から短い方 ($\varepsilon_m$) に向けて**矢印**をつけると図 3.3 のようになる．これが $\mathfrak{so}(2m+1)$ のディンキン図形で B_m 型と呼ばれる．

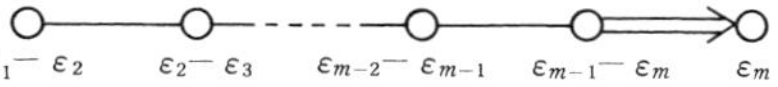

図 3.3

3.3　$n = 2m$ のとき (D_m 型)

3.2 節と同様に

$$Y(\theta_1, \cdots, \theta_m) = \begin{pmatrix} 0 & & & & -\theta_1 \\ & & & \ddots & \\ & & -\theta_m & & \\ & \theta_m & & & \\ & \ddots & & & \\ \theta_1 & & & & 0 \end{pmatrix}$$

とおくと，これは $\mathrm{Ad}(c^{-1})$ によって

$$\mathrm{Ad}(c^{-1}) Y(\theta_1, \cdots, \theta_m) = c^{-1} Y(\theta_1, \cdots, \theta_m) c$$

$$= \begin{pmatrix} i\theta_1 & & & & & 0 \\ & \ddots & & & & \\ & & i\theta_m & & & \\ & & & -i\theta_m & & \\ & & & & \ddots & \\ 0 & & & & & -i\theta_1 \end{pmatrix}$$
$$= Y'(\theta_1, \cdots, \theta_m)$$

と対角化できる．
$$\mathfrak{g}'_C = \mathrm{Ad}(c^{-1})\mathfrak{g}_C = \{X \in \mathfrak{gl}(n, \boldsymbol{C}) \mid I'_n {}^t X I'_n = -X\}$$
$$= \bigoplus_{j+k<n} \boldsymbol{C}(E_{jk} - E_{n+1-k,n+1-j})$$

の $\mathfrak{t}' = \mathrm{Ad}(c^{-1})\mathfrak{t}$ に関するルート系も同様に計算できて，
$$\Delta = \{\pm(\varepsilon_j - \varepsilon_k) \mid j < k\} \sqcup \{\pm(\varepsilon_j + \varepsilon_k) \mid j < k\}$$

$(1 \leqq j \leqq m,\ 1 \leqq k \leqq m)$ となる．この場合 $\pm \varepsilon_j$ はルートではないことに注意する．Δ の元の数は
$$|\Delta| = 2m(m-1) \left(= \dim \mathfrak{g} - \dim \mathfrak{t} = \frac{n(n-1)}{2} - m \right)$$

である．

前節と同様に $g = wd \in N_{G'}(\mathfrak{t}')$ とすると，
$$\bar{g} = I'_n g I'_n, \quad \bar{w} = I'_n w I'_n$$

より
$$\bar{d} = I'_n d I'_n$$

であるので，
$$\det g = \det w \det d = \det w \prod_{j=1}^{m} d_{jj} d_{n+1-j,n+1-j} = \det w \prod_{j=1}^{m} |d_{jj}|^2$$

となる．$\det g = 1$ だから
$$\det w = 1$$

でなければならない．（$n = 2m+1$ のときは，$d_{m+1,m+1}$ が任意に取れるので，この条件は不要であった．）

例 3.2 $n = 4$ のときに，W の $i\mathfrak{t}'$ への作用を考えよう．$\Delta = \{\pm(\varepsilon_1 - \varepsilon_2), \pm(\varepsilon_1 + \varepsilon_2)\}$ だから，ルートに関する鏡映は 2 つあって，対応する置換行列 w

はそれぞれ

$$\begin{pmatrix} 0 & 1 & 0 & 0 \\ 1 & 0 & 0 & 0 \\ 0 & 0 & 0 & 1 \\ 0 & 0 & 1 & 0 \end{pmatrix}, \begin{pmatrix} 0 & 0 & 1 & 0 \\ 0 & 0 & 0 & 1 \\ 1 & 0 & 0 & 0 \\ 0 & 1 & 0 & 0 \end{pmatrix}$$

で $\det w = 1$ を満たすので，W に含まれる．それらによって生成される群は原点のまわりの $0°$, $180°$ の回転を含み，その位数は 4 である．W はそれ以外の元を含まない．なぜならば，例 3.1 における ε_2 に関する鏡映を考えると，その置換行列は

$$w = \begin{pmatrix} 1 & 0 & 0 & 0 \\ 0 & 0 & 1 & 0 \\ 0 & 1 & 0 & 0 \\ 0 & 0 & 0 & 1 \end{pmatrix}$$

だから $\det w = -1$ となり，W に含まれない．群論の一般論により，W の位数は例 3.1 の群の位数 8 の約数なので，例 3.1 のその他の元について確かめる必要はない．

一般の $n = 2m$ について考えると，W は $\mathbf{R}^m$ の座標軸の集合 $\{\mathbf{R}\varepsilon_1, \cdots, \mathbf{R}\varepsilon_m\}$ の置換を引き起こし，各座標軸に対して符号 $\pm$ を $-$ の数が偶数個になるように取り得るので，

$$|W| = 2^{m-1} m!$$

である．

it' の regular element の集合

$$(it')_{\mathrm{reg}} = \{d(a_1, \cdots, a_m, -a_m, \cdots, -a_1) \mid a_j \in \mathbf{R}, a_j \pm a_k \neq 0 \ (j \neq k)\}$$

は $2^{m-1} m!$ 個の連結成分を持つ．（一般に，この数 $= |W|$ が示せる．）それらの中でもっとも典型的な

$$(it')_+ = \{d(a_1, \cdots, a_m, -a_m, \cdots, -a_1) \mid a_1 > a_2 > \cdots > a_{m-1} > |a_m|\} \tag{3.6}$$

を考えると，これによって Δ の正のルートの集合

$$\Delta_+ = \{\varepsilon_j - \varepsilon_k \mid j < k\} \sqcup \{\varepsilon_j + \varepsilon_k \mid j < k\}$$

が定まる．さらに
$$\Psi = \{\varepsilon_1 - \varepsilon_2, \varepsilon_2 - \varepsilon_3, \cdots, \varepsilon_{m-1} - \varepsilon_m, \varepsilon_{m-1} + \varepsilon_m\}$$
とおくと，(3.6)は
$$(it')_+ = \{Y \in it' \mid \alpha(Y) > 0 \text{ for all } \alpha \in \Psi\}$$
と書きなおせて，任意の Δ_+ のルートは Ψ の元の正整数係数1次結合で表わされる．$U(n)$ のときと同様に，Ψ のディンキン図形を描くと，$m \geq 4$ のとき図3.4（D_m 型と呼ばれる），$m = 2, 3$ のとき図3.5のようになる．

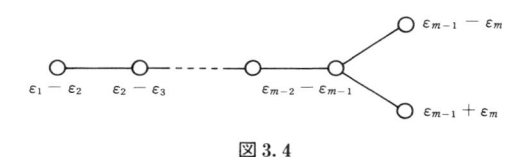

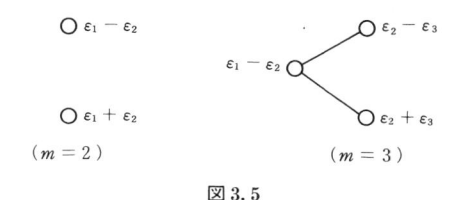

図 3.4

($m = 2$)　　　　　　　　($m = 3$)

図 3.5

第4章
$Sp(m)$について

通常，古典型コンパクトリー群と呼ばれるものは，これまで扱ってきた $SO(n), U(n)(SU(n))$ と次に定義する $Sp(m)$ の3種類のコンパクトリー群である．

$2m$ 次交代行列
$$J = \begin{pmatrix} 0 & -I_m \\ I_m & 0 \end{pmatrix}$$
を用いて，
$$G_C = \{g \in GL(2m, \boldsymbol{C}) \mid {}^t gJg = J\}$$
によって定義される複素リー群 $G_C = Sp(m, \boldsymbol{C})$ は複素シンプレクティック群 (complex symplectic group) と呼ばれる．この章ではコンパクトシンプレクティック群 (compact symplectic group)
$$G = Sp(m) = G_C \cap U(2m)$$
について考察しよう．

4.1　$Sp(m)$のリー環とその極大可換部分空間

G_C のリー環は $SO(n)$ のときと同様にして
$$\mathfrak{g}_C = \{X \in \mathfrak{gl}(2m, \boldsymbol{C}) \mid {}^t XJ + JX = 0\}$$
で与えられる．
$$X = \begin{pmatrix} A & B \\ C & D \end{pmatrix} \quad (A, B, C, D \text{ は } m \text{ 次正方行列})$$
とおくと，

$$
{}^tXJ+JX = \begin{pmatrix} {}^tA & {}^tC \\ {}^tB & {}^tD \end{pmatrix}\begin{pmatrix} 0 & -I_m \\ I_m & 0 \end{pmatrix} + \begin{pmatrix} 0 & -I_m \\ I_m & 0 \end{pmatrix}\begin{pmatrix} A & B \\ C & D \end{pmatrix}
$$
$$
= \begin{pmatrix} {}^tC & -{}^tA \\ {}^tD & -{}^tB \end{pmatrix} + \begin{pmatrix} -C & -D \\ A & B \end{pmatrix} = \begin{pmatrix} {}^tC-C & -{}^tA-D \\ {}^tD+A & -{}^tB+B \end{pmatrix}
$$

だから

$$
X \in \mathfrak{g}_C \iff X = \begin{pmatrix} A & B \\ C & -{}^tA \end{pmatrix} \quad (B, C \text{ は複素対称行列})
$$

である．また，G のリー環は

$$
\mathfrak{g} = \mathfrak{sp}(m) = \mathfrak{g}_C \cap \mathfrak{u}(2m)
$$

である．

$$
Y(\theta_1, \cdots, \theta_m) = d(i\theta_1, \cdots, i\theta_m, -i\theta_1, \cdots, -i\theta_m)
$$

($d(\cdots)$ は対角行列を表わす) とおくと

$$
\mathfrak{t} = \{Y(\theta_1, \cdots, \theta_m) \mid \theta_1, \cdots, \theta_m \in \mathbf{R}\}
$$

は $\mathfrak{g}$ の1つの極大可換部分空間である．$SO(n), U(n)$ のときと同様に次の定理が成り立つ．

定理 4.1 $\mathfrak{g}$ の任意の極大可換部分空間は G の元によって $\mathfrak{t}$ と共役である．

定理 4.2 G の任意の元は $T = \exp \mathfrak{t}$ の元と共役である．

(注：もちろん，これらの定理も線形代数だけで証明できる．各自試みよ．)

4.2 $\mathfrak{sp}(m)$ のルート系

$\mathfrak{g}_C$ を $\mathrm{ad}(Y)(Y \in \mathfrak{t})$ に関して同時固有空間分解すればよいのであるが，$SO(n)$ のときと同様に計算するために，ある $c \in U(2m)$ による共役を取って考えよう．

$$
I'_m = \begin{pmatrix} 0 & & 1 \\ & \iddots & \\ 1 & & 0 \end{pmatrix}
$$

を用いて
$$c = \begin{pmatrix} I_m & 0 \\ 0 & I'_m \end{pmatrix}$$
とおく．この c による共役を取ると，$Y(\theta_1, \cdots, \theta_m)$ は
$$\begin{aligned}\mathrm{Ad}(c^{-1})\, Y(\theta_1, \cdots, \theta_m) &= cd\,(i\theta_1, \cdots, i\theta_m, -i\theta_1, \cdots, -i\theta_m)\,c \\ &= d\,(i\theta_1, \cdots, i\theta_m, -i\theta_m, \cdots, -i\theta_1) \\ &= Y'(\theta_1, \cdots, \theta_m)\end{aligned}$$
に移る($SO(2m)$ のときと同じ形)．また，
$$X = \begin{pmatrix} A & B \\ C & -{}^t A \end{pmatrix} \in \mathfrak{g}_C$$
は
$$c^{-1}Xc = cXc = \begin{pmatrix} A & BI'_m \\ I'_m C & -I'_m{}^t A I'_m \end{pmatrix}$$
に移るので，$\mathfrak{g}_C$ は
$$\begin{aligned}\mathfrak{g}'_C &= \mathrm{Ad}(c^{-1})\mathfrak{g}_C \\ &= \bigoplus_{j=1}^{m}\bigoplus_{k=1}^{m} \boldsymbol{C}\,(E_{jk} - E_{2m+1-k, 2m+1-j}) \\ &\quad \oplus \bigoplus_{1 \leq j \leq k \leq m} \boldsymbol{C}\,(E_{j, 2m+1-k} + E_{k, 2m+1-j}) \\ &\quad \oplus \bigoplus_{1 \leq j \leq k \leq m} \boldsymbol{C}\,(E_{2m+1-j, k} + E_{2m+1-k, j})\end{aligned}$$
に移る．(B, C は対称行列であることに注意．)
$$\varepsilon_j : Y = Y'(\theta_1, \cdots, \theta_m) \longmapsto i\theta_j$$
とおくと，$1 \leq j \leq m$, $1 \leq k \leq m$ のとき
$$\begin{aligned}[Y, E_{jk} - E_{2m+1-k, 2m+1-j}] &= i(\theta_j - \theta_k)(E_{jk} - E_{2m+1-k, 2m+1-j}) \\ &= (\varepsilon_j - \varepsilon_k)(Y)(E_{jk} - E_{2m+1-k, 2m+1-j}) \\ [Y, E_{j, 2m+1-k} + E_{k, 2m+1-j}] &= i(\theta_j + \theta_k)(E_{j, 2m+1-k} + E_{k, 2m+1-j}) \\ &= (\varepsilon_j + \varepsilon_k)(Y)(E_{j, 2m+1-k} + E_{k, 2m+1-j}) \\ [Y, E_{2m+1-j, k} + E_{2m+1-k, j}] &= -i(\theta_j + \theta_k)(E_{2m+1-j, k} + E_{2m+1-k, j}) \\ &= -(\varepsilon_j + \varepsilon_k)(Y)(E_{2m+1-j, k} + E_{2m+1-k, j})\end{aligned}$$
であるから，$\mathfrak{g}'_C$ の $\mathfrak{t}'$ に関するルート系 $\Delta = \Delta(\mathfrak{g}'_C, \mathfrak{t}') \,(\cong \Delta(\mathfrak{g}_C, \mathfrak{t}))$ は
$$\Delta = \{\pm(\varepsilon_j - \varepsilon_k) \mid j < k\} \sqcup \{\pm(\varepsilon_j + \varepsilon_k) \mid j < k\} \sqcup \{\pm 2\varepsilon_j\}$$

$(1 \leq j \leq m,\ 1 \leq k \leq m)$ であることがわかる.

4.3 $Sp(m)$ のワイル群

$G = Sp(m)$ は $U(2m)$ において
$$\,^t g J g = J$$
によって定義されるが,$\,^t g = \bar{g}^{-1}$ であるので,
$$\bar{g}^{-1} J g = J$$
よって
$$\bar{g} = J g J^{-1}$$
と書きなおせる.$g \in G$ を
$$g = \begin{pmatrix} A & B \\ C & D \end{pmatrix} \quad (A, B, C, D \text{ は } m \text{ 次正方行列})$$
とおくと,
$$J g J^{-1} = \begin{pmatrix} 0 & -I_m \\ I_m & 0 \end{pmatrix} \begin{pmatrix} A & B \\ C & D \end{pmatrix} \begin{pmatrix} 0 & I_m \\ -I_m & 0 \end{pmatrix}$$
$$= \begin{pmatrix} -C & -D \\ A & B \end{pmatrix} \begin{pmatrix} 0 & I_m \\ -I_m & 0 \end{pmatrix} = \begin{pmatrix} D & -C \\ -B & A \end{pmatrix}$$
であるから,
$$\bar{A} = D, \quad \bar{B} = -C$$
となり,
$$g = \begin{pmatrix} A & -\bar{C} \\ C & \bar{A} \end{pmatrix}$$
と表わせる.

c による共役を取ると,
$$c^{-1} g c = \begin{pmatrix} I_m & 0 \\ 0 & I'_m \end{pmatrix} \begin{pmatrix} A & -\bar{C} \\ C & \bar{A} \end{pmatrix} \begin{pmatrix} I_m & 0 \\ 0 & I'_m \end{pmatrix} = \begin{pmatrix} A & -\bar{C} I'_m \\ I'_m C & I'_m \bar{A} I'_m \end{pmatrix}$$
となるので,$G' = c^{-1} G c$ は
$$G' = \{ g \in U(2m) \mid \overline{g_{jk}} = \delta_{jk}\, g_{2m+1-j, 2m+1-k} \}$$
と表わせる.ただし

$$\delta_{jk} = \begin{cases} 1 & (j \leq m,\ k \leq m\ \text{または}\ j > m,\ k > m\ \text{のとき}) \\ -1 & (\text{その他のとき}) \end{cases}$$

とする．

$SO(n)$ のときと同様に ε_j と $E_{jj} - E_{2m+1-j, 2m+1-j}$ を同一視して計算すると，$g \in N_{G'}(\mathrm{t}')$ のとき，任意の $j = 1, \cdots, m$ に対し，

$$g\varepsilon_j = \delta \varepsilon_k$$

となる $k = 1, \cdots, m$, $\delta = \pm 1$ が存在することがわかる．したがって，$Sp(m)$ のワイル群 W は $SO(n)$ のときと同様に $\boldsymbol{R}^m$ の座標軸の和集合 $\boldsymbol{R}\varepsilon_1 \cup \cdots \cup \boldsymbol{R}\varepsilon_m$ をそれ自身に移す $\boldsymbol{R}^m$ の直交変換の群 W' ($|W'| = 2^m m!$) の部分群であるが，次のようにして

$$W = W'$$

であることが示せる．

例 4.3 $m = 2$ のとき，Δ は図 4.1 のように 8 個の元

$$\pm(\varepsilon_1 - \varepsilon_2),\ \pm(\varepsilon_1 + \varepsilon_2),\ \pm 2\varepsilon_1,\ \pm 2\varepsilon_2$$

からなる．$SO(5)$ の場合（例 3.1）と同様に，これらのルート α に関する鏡映がすべてある $g \in N_{G'}(\mathrm{t}')$ の t' への adjoint action であることを示せば

$$W = W'$$

であることがわかる．

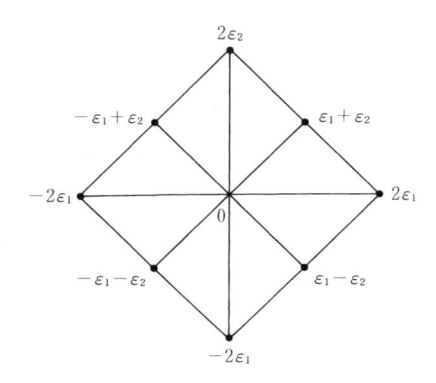

図 4.1

$\alpha = \pm(\varepsilon_1 - \varepsilon_2)$ のとき，$g = \begin{pmatrix} 0 & 1 & 0 & 0 \\ 1 & 0 & 0 & 0 \\ 0 & 0 & 0 & 1 \\ 0 & 0 & 1 & 0 \end{pmatrix}$

$\alpha = \pm(\varepsilon_1 + \varepsilon_2)$ のとき，$g = \begin{pmatrix} 0 & 0 & -1 & 0 \\ 0 & 0 & 0 & -1 \\ 1 & 0 & 0 & 0 \\ 0 & 1 & 0 & 0 \end{pmatrix}$

$\alpha = \pm 2\varepsilon_1$ のとき，$g = \begin{pmatrix} 0 & 0 & 0 & -1 \\ 0 & 1 & 0 & 0 \\ 0 & 0 & 1 & 0 \\ 1 & 0 & 0 & 0 \end{pmatrix}$

$\alpha = \pm 2\varepsilon_2$ のとき，$g = \begin{pmatrix} 1 & 0 & 0 & 0 \\ 0 & 0 & -1 & 0 \\ 0 & 1 & 0 & 0 \\ 0 & 0 & 0 & 1 \end{pmatrix}$

とおけばよい．

任意の m についても同様にして
$$W = W'$$
が示せる．

4.4 $\mathfrak{sp}(m)$ のルートの基本系とディンキン図形

$\mathfrak{sp}(m)$ のルート系
$$\Delta = \{\pm(\varepsilon_j - \varepsilon_k) \mid j < k\} \sqcup \{\pm(\varepsilon_j + \varepsilon_k) \mid j < k\} \sqcup \{\pm 2\varepsilon_j\}$$
は $\mathfrak{so}(2m+1)$ のルート系
$$\Delta' = \{\pm(\varepsilon_j - \varepsilon_k) \mid j < k\} \sqcup \{\pm \varepsilon_j\} \sqcup \{\pm(\varepsilon_j + \varepsilon_k) \mid j < k\}$$
において $\pm \varepsilon_j$ を倍の長さの $\pm 2\varepsilon_j$ で置き換えたものであることに注目しよう．したがって，次のようにすべて $\mathfrak{so}(2m+1)$ の場合と同様に考えればよいことがわかる．

$$(it')_+ = \{d(a_1, \cdots, a_m, -a_m, \cdots, -a_1) \mid a_1 > a_2 > \cdots > a_m > 0\}$$

によって，Δ の正のルート系

$$\Delta_+ = \{\varepsilon_j - \varepsilon_k \mid j < k\} \sqcup \{\varepsilon_j + \varepsilon_k \mid j < k\} \sqcup \{2\varepsilon_j\}$$

が定まるが，

$$\Psi = \{\varepsilon_1 - \varepsilon_2, \varepsilon_2 - \varepsilon_3, \cdots, \varepsilon_{m-1} - \varepsilon_m, 2\varepsilon_m\}$$

とおくと，$(it')_+$ は

$$(it')_+ = \{Y \in it' \mid \alpha(Y) > 0 \text{ for all } \alpha \in \Psi\}$$

と表わせ，さらに，任意の Δ_+ のルートは Ψ の元の正整数係数 1 次結合で表わされる．$\mathfrak{so}(2m+1)$ のときと同様に Ψ に対して図 4.2 のディンキン図形が描ける（C_m 型と呼ばれる）．ルートのなす角はすべて $\mathfrak{so}(2m+1)$ のときと同じであるが，$\varepsilon_{m-1} - \varepsilon_m$ と $2\varepsilon_m$ の長さは $2\varepsilon_m$ の方が長いので，$2\varepsilon_m$ から $\varepsilon_{m-1} - \varepsilon_m$ の方向に矢印をつけるのである．

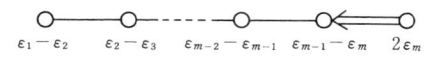

図 4.2

第5章

ルート系の分類

　これまで述べてきた $U(n)$ $(SU(n))$, $SO(n)$, $Sp(m)$ は**古典型**コンパクトリー群と呼ばれる．これらのリー群のリー環 $\mathfrak{g}$ について，その1つの極大可換部分空間 $\mathfrak{t}$ の $\mathfrak{g}_C$ への adjoint action によって，ルート系が定義され，さらにその基本系から図5.1の4種類のディンキン図形が描かれたのであった．

　細かいことで補足すべきことは多くあるが，それらは後回しにして，この節ではルート系の公理を与えて，その分類を行なおう．

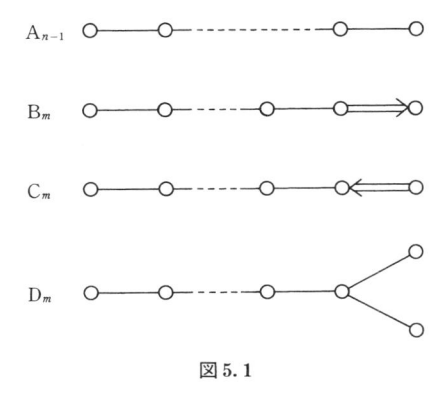

図 5.1

5.1 ルート系の公理

　正定値内積 $(\ ,\ )$ が与えられた実ベクトル空間 V を考える．V の任意の元 $\alpha \neq 0$ に対し，α に関する（α に直交する原点を含む超平面についての）鏡映 (reflection)

$$w_\alpha : V \longrightarrow V$$

が
$$w_\alpha(x) = x - \frac{2(\alpha, x)}{(\alpha, \alpha)}\alpha$$
によって定義できる(図 5.2)．

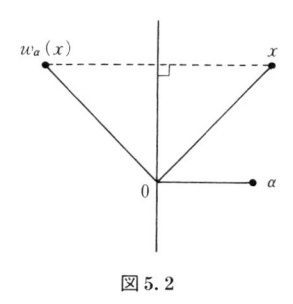

図 5.2

定義 5.1 $V-\{0\}$ の有限部分集合 Δ が次の 2 条件を満たすとき，Δ は**ルート系**(root system)と呼ばれ，$\{w_\alpha \mid \alpha \in \Delta\}$ によって生成される V の直交変換群の有限部分群 W は Δ の**ワイル群**(Weyl group)と呼ばれる．

（ⅰ）　任意の $\alpha \in \Delta$ に対し，$w_\alpha \Delta = \Delta$

（ⅱ）　任意の $\alpha, \beta \in \Delta$ に対し，$\dfrac{2(\alpha, \beta)}{(\alpha, \alpha)} \in \mathbf{Z}$ ($\mathbf{Z}$ は整数の集合)

さらに，次を満たすとき，Δ は reduced(被約)であると言う．

（ⅲ）　$\alpha, k\alpha \in \Delta \Longrightarrow k = \pm 1$

第 2 章から第 4 章で扱ってきた古典型の 4 種類(A_n, B_n, C_n, D_n 型)のルート系 Δ がこれらの条件を満たすことがわかるであろう．(ⅰ)は自然な条件であるが，(ⅱ)の意味は $\mathfrak{sl}(2, \mathbf{C}) = \mathfrak{su}(2)_C$ の表現論を用いる方がわかりやすいのであとで考えよう．(ⅲ)は本質的な条件ではない．(対称空間論では reduced でないルート系も扱う．)

ルート系 Δ が 2 つの互いに直交する部分集合 Δ_1, Δ_2 によって

$$\Delta = \Delta_1 \sqcup \Delta_2$$

と表わせないとき，Δ は既約(irreducible)であるという．容易にこの条件は対応するディンキン図形が連結であることと同値であることがわかる．古典型の

E_6 の図

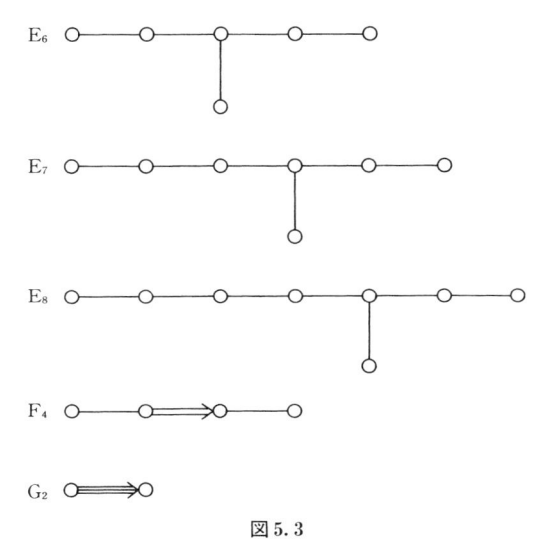

E_7 の図

E_8 の図

F_4 の図

G_2 の図

図 5.3

ルート系では D_2 型は既約でないが，その他はすべて既約である．この節では古典型以外の既約なルート系(例外型ルート系)は次の E_6, E_7, E_8, F_4, G_2 の 5 つしかないことを示そう．これらのルート系のディンキン図形は次のように描ける(図 5.3)．

5.2 正のルート系とルートの基本系

まずは，定義 5.1 の条件(iii)と次の(i)より弱い条件

(i′) $\alpha \in \Delta \Longrightarrow -\alpha \in \Delta$

だけから，次のようにして Δ の正のルート系とルートの基本系が定義できることを示そう．

$x \in V$ が

$$(x, \alpha) \neq 0 \quad \text{for all} \quad \alpha \in \Delta$$

を満たすとき，x は regular であるという．regular element の集合の 1 つの連結成分を V_+ としよう．この V_+ から次のように Δ の正のルート系 Δ_+ が定まるのは，第 2 章から第 4 章までで具体的に見てきたとおりである．

$$\Delta_+ = \{\alpha \in \Delta \mid (x, \alpha) > 0 \text{ for some } x \in V_+\}$$

$$= \{\alpha \in \Delta \mid (x, \alpha) > 0 \text{ for all } x \in V_+\}$$
さらに(i′)により
$$\Delta = \Delta_+ \sqcup (-\Delta_+)$$
も成り立つ．
$$V_+ = \{x \in V \mid (x, \alpha) > 0 \text{ for all } \alpha \in \Delta_+\}$$
であるが，
$$V_+ = \{x \in V \mid (x, \alpha) > 0 \text{ for all } \alpha \in \Psi\}$$
を満たす Δ_+ の最小の部分集合 Ψ が存在する．このような Ψ が一意的に定まるのは，V_+ の境界が特定の(向きづけられた)超平面の組で構成され，それらの超平面は条件(i′)と(iii)によってある Δ_+ の元と1対1に対応するからである．Ψ の元は Δ_+ の simple root と呼ばれる．

補題 5.2 $\alpha \in \Psi$ は他の2つの $\beta, \gamma \in \Delta_+$ の正数係数1次結合
$$s\beta + t\gamma \qquad (s, t > 0)$$
で表わせない．

証明 $\alpha = s\beta + t\gamma \ (s, t > 0)$ とすると，
$$(x, \beta) > 0 \quad \text{かつ} \quad (x, \gamma) > 0 \Longrightarrow (x, \alpha) > 0$$
だから
$$V_+ = \{x \in V \mid (x, \beta) > 0 \text{ for all } \beta \in \Delta_+ - \{\alpha\}\}$$
よって Ψ の定義により，$\alpha \notin \Psi$ □

5.3 ワイル群の作用

この節では，定義5.1の条件(i)と(iii)を仮定しよう．

V の regular element の各連結成分は **Weyl chamber**(訳せば，ワイル室)と呼ばれる．(たとえば，B_2 型のときは図5.4(次ページ)のようになっている．) 前節の V_+ は1つの Weyl chamber である．2つの Weyl chamber C と C' ($C \ne C'$) が $\beta \in \Delta$ に関し隣接しているとは，集合
$$\{x \in V \mid (x, \alpha) \ne 0 \text{ for all } \alpha \in \Delta - \{\pm\beta\}\}$$

において C と C' が同じ連結成分に属することと定義しよう．このとき，(i) より容易に
$$C' = w_\beta C$$
であることがわかり，また，V_+ に隣接する Weyl chamber は $w_\alpha V_+$ $(\alpha \in \Psi)$ と書ける．

命題 5.3 （1） 任意の Weyl chamber C に対し $C = wV_+$ となる $w \in W$ が存在する．
（2） 任意の $\beta \in \Delta$ はある $w \in W$ と $\alpha \in \Psi$ によって $\beta = w\alpha$ と表わせる．
（3） W は $\{w_\alpha \mid \alpha \in \Psi\}$ で生成される．

証明 （1） Weyl chamber の列
$$C_0, \ C_1, \ \cdots, \ C_k$$
を $C_0 = V_+$, $C_k = C$ であって，C_{j-1} と C_j が隣接する $(j = 1, \cdots, k)$ ように取ることができる．（V_+ と C の内点を曲線で結び，その曲線を超平面族 $(x, \beta) = 0$ $(\beta \in \Delta)$ の交わりを避けるように generic に取って，通過する Weyl chamber を並べればよい．図 5.4）

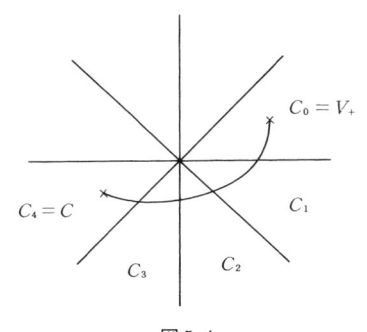

図 5.4

$\{w_\alpha \mid \alpha \in \Psi\}$ で生成される W の部分群を W' とおく．数学的帰納法により，$C_{j-1} \subset W'V_+$ を仮定して，$C_j \subset W'V_+$ を示せばよい（$W' \subset W$ だから）．$C_j = w_\beta C_{j-1}$（β は C_{j-1} の側が正になるように取る）とすると，$C_{j-1} = wV_+$ となる $w \in W'$ が存在するので

$$\beta = w\alpha$$
となる $\alpha \in \Psi$ が存在する．よって
$$C_j = w_\beta C_{j-1} = w_\beta w V_+ = (w w_\alpha w^{-1}) w V_+ \subset W' V_+$$
となって証明できた．

（2） 任意の $\beta \in \Delta$ はある Weyl chamber C の境界の超平面を定義するので，(1)により $C = wV_+$ ($w \in W'$) とおけば
$$\beta = w\alpha \quad \text{for some} \quad \alpha \in \Psi$$
である．

（3） 任意の $\beta \in \Delta$ に対し，(2)により
$$w_\beta = w w_\alpha w^{-1}$$
となる $w \in W'$, $\alpha \in \Psi$ が存在するので，$w_\beta \in W'$ となる．W は $\{w_\beta \mid \beta \in \Delta\}$ で生成されるので
$$W = W'$$
が示せた． □

命題 5.3 (1) により，V_+ の取り方を変えたときの Ψ はもとの Ψ と W の元で移り合うことがわかる．したがって，simple root の長さやそれらのなす角は V_+ の取り方に依存しない．このように Ψ はルート系 Δ によって本質的に定まるので，Ψ は Δ の 1 つの**基本系**と呼ばれる．また，命題 5.3 (2) により，2 つのルート系 Δ_1, Δ_2 の基本系 Ψ_1, Ψ_2 が等長変換（または相似変換）ι によって
$$\iota(\Psi_1) = \Psi_2$$
と移り合えば，
$$\iota(\Delta_1) = \Delta_2$$
である．したがって，ルート系を分類するためにはその基本系を分類すればよい．

5.4 ワイル群の最短表示

この節では引き続き，5.1 節のルート系の条件のうち (i) と (iii) を仮定して，ワイル群の最短表示に関する基本的性質を導こう．

命題 5.3(3) により, $w_\alpha^{-1} = w_\alpha$ に注意して, 任意の $w \in W$ は
$$w = w_{\alpha_1} w_{\alpha_2} \cdots w_{\alpha_\ell} \qquad (\alpha_1, \cdots, \alpha_\ell \in \Psi)$$
と表示できるが, このような表示のうちで ℓ が最小のものを w の(Ψ に関する)**最短表示**(minimal expression)と呼び, $\ell = \ell(w)$ を w の**長さ**(length)と呼ぶ.

注意 5.4 (1) 最短表示は一般に一意的ではない. 例えば, Δ が A_2 型のとき, $\Psi = \{\alpha, \beta\}$, $\alpha = \varepsilon_1 - \varepsilon_2$, $\beta = \varepsilon_2 - \varepsilon_3$ であるが, $W \cong S_3$ の同一視により
$$w_\alpha = (1\ 2), \qquad w_\beta = (2\ 3)$$
($(j\ k)$ は j と k の互換)である. 互換 $(1\ 3)$ の最短表示は
$$(1\ 3) = w_\alpha w_\beta w_\alpha = w_\beta w_\alpha w_\beta$$
の 2 通りがある.

(2) Δ が A_{n-1} 型のとき,
$$\ell(w) = 対応する置換 \sigma \in S_n の転倒数$$
$$= |\{(j, k) \mid j < k,\ \sigma(j) > \sigma(k)\}|$$
である(系 5.8 参照).

補題 5.5 $\alpha \in \Psi$, $\beta \in \Delta_+ - \{\alpha\} \implies w_\alpha \beta \in \Delta_+$.

証明 $w_\alpha \beta = \beta - \dfrac{2(\beta, \alpha)}{(\alpha, \alpha)} \alpha$ であるが, $(\alpha, \beta) \leq 0$ のときは, 任意の $Y \in V_+$ に対し
$$(w_\alpha \beta, Y) = (\beta, Y) + \left(-\dfrac{2(\beta, \alpha)}{(\alpha, \alpha)}\right)(\alpha, Y) > 0$$
だから $w_\alpha \beta \in \Delta_+$ である. また, $(\alpha, \beta) > 0$ のときは, $w_\alpha \beta \notin \Delta_+$ と仮定すると
$$\dfrac{2(\beta, \alpha)}{(\alpha, \alpha)} \alpha = \beta + (-w_\alpha \beta)$$
となって, α が Δ_+ の元の正数係数 1 次結合になるので, 補題 5.2 により $\alpha \in \Psi$ に矛盾する. よってこの場合も
$$w_\alpha \beta \in \Delta_+$$

である.

補題 5.6 $w = w_{a_1}w_{a_2}\cdots w_{a_\ell}$ $(a_j \in \Psi)$ が最短表示のとき,
$$\gamma = w_{a_1}w_{a_2}\cdots w_{a_{\ell-1}}\alpha_\ell$$
は Δ_+ に属する.

証明 $\gamma_j = w_{a_{j+1}}\cdots w_{a_{\ell-1}}\alpha_\ell$ とおく.
$$\gamma_j \in \Delta_+ \quad かつ \quad \gamma_{j-1} \notin \Delta_+$$
とすると, $\gamma_{j-1} = w_{a_j}\gamma_j$ だから, 補題 5.5 により
$$\gamma_j = \alpha_j$$
である. よって $w_{a_{j+1}}\cdots w_{a_{\ell-1}}\alpha_\ell = \alpha_j$ なので
$$(w_{a_{j+1}}\cdots w_{a_{\ell-1}})w_{a_\ell}(w_{a_{j+1}}\cdots w_{a_{\ell-1}})^{-1} = w_{a_j}$$
$$\therefore \quad w_{a_j}w_{a_{j+1}}\cdots w_{a_{\ell-1}}w_{a_\ell} = w_{a_{j+1}}\cdots w_{a_{\ell-1}}$$
となるが, これは $w = w_{a_1}w_{a_2}\cdots w_{a_\ell}$ の一部がより短い表示で置きかえられるということなので最短表示であることに矛盾する. よって
$$\gamma_j \in \Delta_+ \Longrightarrow \gamma_{j-1} \in \Delta_+$$
がわかった. j についての逆向きの数学的帰納法により
$$\gamma = \gamma_0 \in \Delta_+$$
が示された. □

命題 5.7 $w = w_{a_1}w_{a_2}\cdots w_{a_\ell}$ $(a_j \in \Psi)$ が最短表示のとき,
$$\beta_1 = \alpha_1, \ \beta_2 = w_{a_1}\alpha_2, \ \cdots, \ \beta_\ell = w_{a_1}w_{a_2}\cdots w_{a_{\ell-1}}\alpha_\ell$$
は Δ_+ に属し, 互いに異なる. さらに, このとき
$$\{\beta_1, \cdots, \beta_\ell\} = \{\beta \in \Delta_+ \mid w^{-1}\beta \notin \Delta_+\} = \Delta_+ \cap w\Delta_- \quad (\Delta_- = -\Delta_+)$$

証明 補題 5.6 により $\beta_1, \cdots, \beta_\ell$ は Δ_+ に属する. $\beta_j = \beta_k$ $(j < k)$ とすると,
$$w_{a_1}\cdots w_{a_{j-1}}\alpha_j = w_{a_1}\cdots w_{a_{k-1}}\alpha_k$$
よって
$$\alpha_j = w_{a_j}\cdots w_{a_{k-1}}\alpha_k$$
$$-\alpha_j = w_{a_{j+1}}\cdots w_{a_{k-1}}\alpha_k$$

となるが，これは補題5.6により $w_{a_{j+1}}\cdots w_{a_k}$ が最短表示であることに矛盾する．よって $\beta_1,\cdots,\beta_\ell$ は互いに異なる．
$$w^{-1}\beta_j = (w_{a_\ell}\cdots w_{a_1})w_{a_1}\cdots w_{a_{j-1}}\alpha_j = w_{a_\ell}\cdots w_{a_j}\alpha_j = -w_{a_\ell}\cdots w_{a_{j+1}}\alpha_j$$
は補題5.6により Δ_- に属する．したがって，逆に $\beta \in \Delta_+$, $w^{-1}\beta \notin \Delta_+$ のときに $\beta \in \{\beta_1,\cdots,\beta_\ell\}$ を示せばよい．
$$\gamma_j = w_{a_{j-1}}\cdots w_{a_1}\beta$$
とおくと，$\gamma_1 = \beta$, $\gamma_{\ell+1} = w^{-1}\beta \in \Delta_-$ だから
$$\gamma_j \in \Delta_+, \qquad \gamma_{j+1} \in \Delta_-$$
となる j が存在する．$\gamma_{j+1} = w_{a_j}\gamma_j$ だから補題5.5により
$$\gamma_j = \alpha_j$$
である．よって
$$\beta = (w_{a_{j-1}}\cdots w_{a_1})^{-1}\alpha_j = w_{a_1}\cdots w_{a_{j-1}}\alpha_j = \beta_j. \qquad \square$$

系5.8 （1） $\ell(w) = |\Delta_+ \cap w\Delta_-|$,
（2） $wV_+ = V_+ \Longrightarrow w = e$.

したがって，命題5.3(1)と合わせて，W は Weyl chamber の集合に単純推移的に作用することがわかった．特に
$$|W| = \text{Weyl chamber の数}$$
である．

命題5.9 （1） $\alpha, \beta \in \Psi$, $\alpha \neq \beta \Longrightarrow (\alpha, \beta) \leq 0$.
（2） Ψ は1次独立である．
（3） 任意の Δ の元は Ψ の1次結合で書ける．

証明 （1） $(\alpha, \beta) > 0$ と仮定する．このとき，条件(i)により
$$\gamma = w_\alpha(\beta) = \beta - \frac{2(\beta,\alpha)}{(\alpha,\alpha)}\alpha \in \Delta$$
である．$\gamma \in \Delta_+$ とすると

$$\beta = \gamma + \frac{2(\beta, \alpha)}{(\alpha, \alpha)} \alpha$$

となって，補題 5.2 により $\beta \notin \Psi$ となり仮定に矛盾する．また，$\gamma \notin \Delta_+$ すなわち $-\gamma \in \Delta_+$ のときも

$$\frac{2(\beta, \alpha)}{(\alpha, \alpha)} \alpha = \beta + (-\gamma)$$

となって，補題 5.2 により $\alpha \notin \Psi$ となり仮定に矛盾する．よって

$$(\alpha, \beta) \leqq 0$$

でなければならない．

（2） Ψ の元 $\alpha_1, \cdots, \alpha_m$ の自明でない 1 次関係

$$c_1 \alpha_1 + \cdots + c_m \alpha_m = 0$$

があるとする．$\alpha_1, \cdots, \alpha_m$ の順序をいれかえて

$$c_1, \cdots, c_k > 0, \quad c_{k+1}, \cdots, c_m < 0$$

としてよい．

$$x = c_1 \alpha_1 + \cdots + c_k \alpha_k = (-c_{k+1}) \alpha_{k+1} + \cdots + (-c_m) \alpha_m$$

とおくと，(1)により

$$(x, x) = (c_1 \alpha_1 + \cdots + c_k \alpha_k, (-c_{k+1}) \alpha_{k+1} + \cdots + (-c_m) \alpha_m)$$
$$= \sum_{j=1}^{k} \sum_{\ell=k+1}^{m} c_j (-c_\ell) (\alpha_j, \alpha_\ell) \leqq 0$$

であるので

$$x = 0$$

である．しかるに，$y \in V_+$ に対し，$k > 0$ ならば

$$(x, y) = c_1 (\alpha_1, y) + \cdots + c_k (\alpha_k, y) > 0$$

となって矛盾し，$m-k > 0$ のときも

$$(x, y) = (-c_{k+1})(\alpha_{k+1}, y) + \cdots + (-c_m)(\alpha_m, y) > 0$$

となって矛盾する．よって Ψ は自明でない 1 次関係を持たないので 1 次独立である．

（3） $w_\alpha \beta = \beta - \frac{2(\beta, \alpha)}{(\alpha, \alpha)} \alpha$ であるから，命題 5.3 の (2) と (3) により明らかである． □

5.5 ディンキン図形の描き方

ここからはルート系の条件 (i), (ii), (iii) をすべて仮定しよう．

命題 5.10 $\alpha, \beta \in \Psi$, $|\alpha| \geq |\beta|$ のとき，α と β のなす角を θ とすると，次の (a), (b), (c), (d) のいずれかが成り立つ．
- (a) $\theta = 90°$
- (b) $\theta = 120°$ かつ $|\alpha| = |\beta|$
- (c) $\theta = 135°$ かつ $|\alpha| = \sqrt{2}\,|\beta|$
- (d) $\theta = 150°$ かつ $|\alpha| = \sqrt{3}\,|\beta|$

証明 命題 5.9(1) により $(\alpha, \beta) \leq 0$ であるが，条件 (ii) により
$$A = \frac{2(\alpha, \beta)}{(\alpha, \alpha)}, \qquad B = \frac{2(\alpha, \beta)}{(\beta, \beta)}$$
がともに整数であるので
$$4\cos^2\theta = \frac{4(\alpha, \beta)^2}{(\alpha, \alpha)(\beta, \beta)} = AB$$
も整数である．（条件 $|\alpha| \geq |\beta|$ により $|A| \leq |B|$ である．）よって $\cos\theta$ の値は
$$0, \ -\frac{1}{2}, \ -\frac{1}{\sqrt{2}}, \ -\frac{\sqrt{3}}{2}$$
のいずれかであり（$\cos\theta = -1$ のときは α と β は 1 次従属になり，命題 5.9(2) に反する），θ は
$$90°, \ 120°, \ 135°, \ 150°$$
のいずれかである．

$\cos\theta = -\dfrac{1}{2}$ のとき，$AB = 1$ であるから $A = -1$, $B = -1$ であり，よって
$$(\alpha, \alpha) = (\beta, \beta)$$
となるので $|\alpha| = |\beta|$ である．

$\cos\theta = -\dfrac{1}{\sqrt{2}}$ のとき，$AB = 2$ であるから $A = -1$, $B = -2$ なので

$$(\alpha,\alpha) = 2(\beta,\beta)$$

となり $|\alpha| = \sqrt{2}\,|\beta|$．

$\cos\theta = -\dfrac{\sqrt{3}}{2}$ のとき，$AB = 3$ であるから $A = -1$，$B = -3$ なので

$$(\alpha,\alpha) = 3(\beta,\beta)$$

となり $|\alpha| = \sqrt{3}\,|\beta|$． □

ディンキン図形の描き方はすでに $U(n), SO(n), Sp(m)$ のところでほとんど説明済みであるが，ここでまとめておこう．ルート系 Δ の基本系 Ψ の各元に対し1つずつ白丸を描き，2つの $\alpha, \beta \in \Psi$ に対し，α と β のなす角を θ とする．

(b) $\theta = 120°$ のときは対応する白丸を(一重)線で結ぶ．
(c) $\theta = 135°$ のときは対応する白丸を二重線で結び，ルートの長さの長い方から短い方に向けて矢印をつける．
(d) $\theta = 150°$ のときは対応する白丸を三重線で結び，ルートの長さの長い方から短い方に向けて矢印をつける．
(a) $\theta = 90°$ のときは対応する白丸は線で結ばない．

((d)だけが古典型のときには現れなかった．)

問 5.1 ルート系 Δ の2つのルート α, β について，

$$(\alpha,\beta) < 0,\ \alpha + \beta \neq 0 \implies \alpha + \beta \in \Delta$$

を証明せよ．(ヒント：とにかく場合分け)

5.6 例外型ルート系の具体的構成

簡単なものから考えよう．G_2 型ルート系は図 5.5 のような 12 個のルートから成る．$\Psi_+, \alpha_1, \alpha_2$ を図のように取ると $\Psi = \{\alpha_1, \alpha_2\}$ であり，そのディンキン図形は図 5.3 に示したようになる．(図の β は最高ルートと呼ばれる：5.7 節)

F_4 型ルート系 $\Delta = \Delta_{F_4}$ は次のように構成される．$V = \mathbf{R}^4$ において，標準基底 $\varepsilon_1, \varepsilon_2, \varepsilon_3, \varepsilon_4$ を用いて

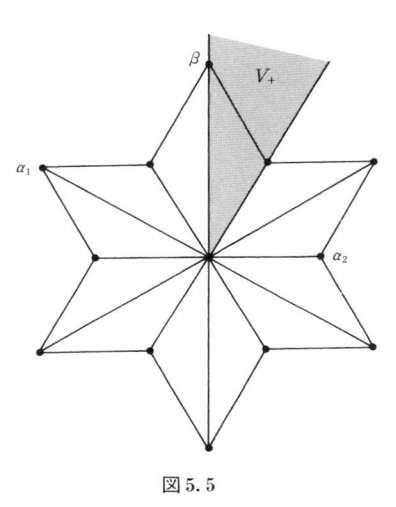

$$\Delta = \{\pm\varepsilon_j \mid j=1,\cdots,4\} \sqcup \left\{\sum_{j=1}^{4}\delta_j\varepsilon_j \,\Big|\, \delta_j = \pm\frac{1}{2}\right\} \sqcup \{\pm\varepsilon_j\pm\varepsilon_k \mid j<k\}$$

(よって $|\Delta| = 8+16+24 = 48$ である.) V_+ を

$$V_+ = \{(x,y,z,w) \in V \mid x > y > z > 0, \ w > x+y+z\}$$

と取れば

$$\Psi = \{\alpha_1, \alpha_2, \alpha_3, \alpha_4\},$$

$$\alpha_1 = \varepsilon_1-\varepsilon_2, \ \alpha_2 = \varepsilon_2-\varepsilon_3, \ \alpha_3 = \varepsilon_3, \ \alpha_4 = \frac{1}{2}(\varepsilon_4-\varepsilon_1-\varepsilon_2-\varepsilon_3)$$

であり,そのディンキン図形は図 5.6 のようになる.

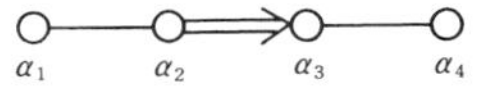

図 5.6

E_8 型ルート系 $\Delta = \Delta_{E_8}$ は次のように構成される. $V = \mathbf{R}^8$ において,標準基底 $\varepsilon_1, \varepsilon_2, \cdots, \varepsilon_8$ を用いて

$$\Delta = \{\pm\varepsilon_j\pm\varepsilon_k \mid j<k\} \sqcup \left\{\sum_{j=1}^{8}\delta_j\varepsilon_j \,\Big|\, \delta_j = \pm\frac{1}{2}, \ \prod_{j=1}^{8}\delta_j < 0\right\}$$

(よって $|\Delta| = 112+128 = 240$ である.) V_+ を

$$V_+ = \{(x_1, x_2, \cdots, x_8) \mid x_1 > x_2 > \cdots > x_6 > |x_7|, \ x_8 > x_1+\cdots+x_7\}$$

と取れば
$$\Psi = \{\alpha_1, \alpha_2, \cdots, \alpha_8\},$$
$$\alpha_1 = \varepsilon_1 - \varepsilon_2, \quad \alpha_2 = \varepsilon_2 - \varepsilon_3, \quad \cdots,$$
$$\alpha_6 = \varepsilon_6 - \varepsilon_7, \quad \alpha_7 = \varepsilon_6 + \varepsilon_7, \quad \alpha_8 = \frac{1}{2}(\varepsilon_8 - \varepsilon_1 - \cdots - \varepsilon_7)$$

であり，そのディンキン図形は図 5.7 のようになる．

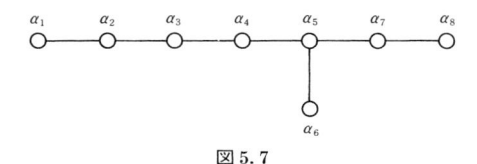

図 5.7

E_7 型ルート系 $\Delta = \Delta_{E_7}$ は E_8 型ルート系 Δ_{E_8} において $\Psi - \{\alpha_1\} = \{\alpha_2, \cdots, \alpha_8\}$ で生成される 7 次元部分空間 V' に含まれるルートのなすルート系である．
$$V' = \{x \in V \mid (x, \varepsilon_1 + \varepsilon_8) = 0\}$$
であるから
$$\Delta = \{\pm(\varepsilon_8 - \varepsilon_1)\} \sqcup \{\pm \varepsilon_j \pm \varepsilon_k \mid 2 \leq j < k \leq 7\}$$
$$\sqcup \left\{ \sum_{j=1}^{8} \delta_j \varepsilon_j \,\middle|\, \delta_j = \pm \frac{1}{2}, \prod_{j=1}^{8} \delta_j < 0, \delta_1 + \delta_8 = 0 \right\}$$

である ($|\Delta| = 2 + 60 + 64 = 126$)．ディンキン図形は図 5.7 から α_1 を取り除いたものである．

最後に，E_6 型ルート系 $\Delta = \Delta_{E_6}$ は E_8 型ルート系 Δ_{E_8} において $\Psi - \{\alpha_1, \alpha_2\} = \{\alpha_3, \cdots, \alpha_8\}$ で生成される 6 次元部分空間 V'' に含まれるルートのなすルート系である．
$$V'' = \{x \in V \mid (x, \varepsilon_1 + \varepsilon_8) = (x, \varepsilon_2 + \varepsilon_8) = 0\}$$
であるから
$$\Delta = \{\pm \varepsilon_j \pm \varepsilon_k \mid 3 \leq j < k \leq 7\}$$
$$\sqcup \left\{ \sum_{j=1}^{8} \delta_j \varepsilon_j \,\middle|\, \delta_j = \pm \frac{1}{2}, \prod_{j=1}^{8} \delta_j < 0, \delta_1 = \delta_2 = -\delta_8 \right\}$$

である ($|\Delta| = 40 + 32 = 72$)．ディンキン図形は図 5.7 から α_1 と α_2 を取り除いたものである．

5.7 最高ルートと拡張ディンキン図形

$\beta \in \Delta$ が次の性質
$$\alpha \in \Delta_+ \Longrightarrow \beta + \alpha \notin \Delta \sqcup \{0\}$$
を満たすとき，β はルート系 Δ の Δ_+ に関する最高ルートと呼ばれる．Δ が既約のとき，Δ の最高ルートがただ1つ存在することが表現論を用いると証明できるが，ここでは具体的に，古典型と5つの例外型のそれぞれの場合に最高ルートを示すだけにとどめよう．

最高ルート β は V_+ の閉包 $\overline{V_+}$ に入っている．なぜならば，$\beta \notin \overline{V_+}$ とすると，ある $\alpha \in \Psi$ に対し
$$(\beta, \alpha) < 0$$
であるが，問 5.1 により
$$\beta + \alpha \in \Delta \sqcup \{0\}$$
となるからである．

このことから，「最低ルート」
$$\alpha_0 = -\beta$$
はすべての $\alpha \in \Psi$ に対し，
$$(\alpha_0, \alpha) \leqq 0$$
を満たすことがわかる．したがって，集合 $\{\alpha_0\} \sqcup \Psi$ からディンキン図形と同様な**拡張ディンキン図形**(図 5.8 にまとめて示す．α_0 は二重丸で表わした)を描くことができる．

（1） A_{n-1} 型のとき，
$$\Delta = \{\varepsilon_j - \varepsilon_k \mid j \neq k\}$$
$$V_+ = \{(x_1, \cdots, x_n) \mid x_1 > \cdots > x_n\}$$
だから，$\overline{V_+}$ に含まれるルートは
$$\beta = \varepsilon_1 - \varepsilon_n$$
だけであり，これが最高ルートである．

（2） B_m 型のとき，
$$\Delta = \{\pm(\varepsilon_j - \varepsilon_k) \mid j < k\} \sqcup \{\pm \varepsilon_j\} \sqcup \{\pm(\varepsilon_j + \varepsilon_k) \mid j < k\}$$
$$V_+ = \{(x_1, \cdots, x_m) \mid x_1 > \cdots > x_m > 0\}$$

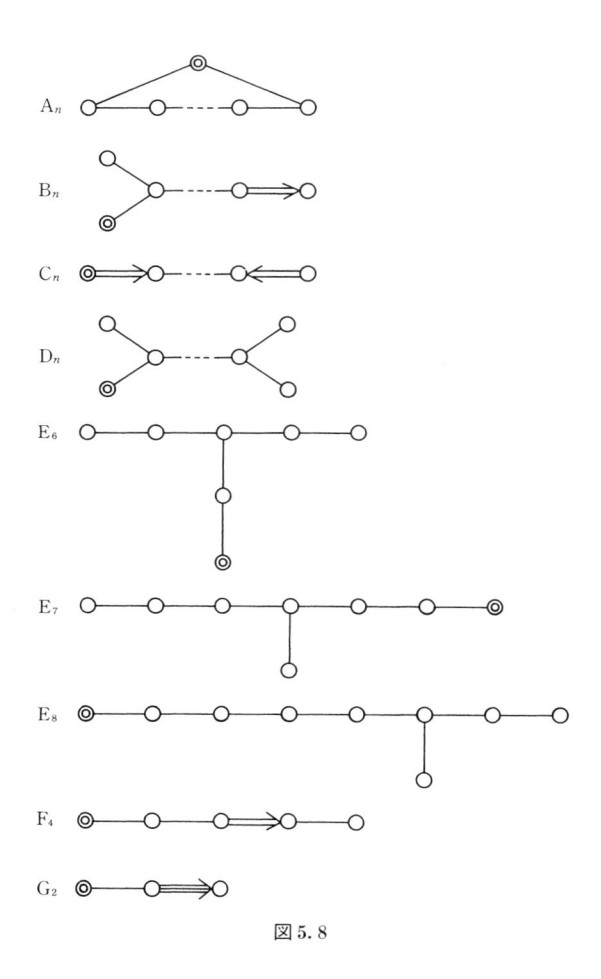

A_n, B_n, C_n, D_n, E_6, E_7, E_8, F_4, G_2

図 5.8

だから，$\overline{V_+}$ に含まれるルートは
$$\varepsilon_1 \quad と \quad \varepsilon_1 + \varepsilon_2$$
であるが，最高ルートは
$$\beta = \varepsilon_1 + \varepsilon_2$$
である．

(3) C_m 型のとき，
$$\Delta = \{\pm(\varepsilon_j - \varepsilon_k) \mid j < k\} \sqcup \{\pm(\varepsilon_j + \varepsilon_k) \mid j < k\} \sqcup \{\pm 2\varepsilon_j\}$$

$$V_+ = \{(x_1, \cdots, x_m) \mid x_1 > \cdots > x_m > 0\}$$

だから，$\overline{V_+}$ に含まれるルートは

$$2\varepsilon_1 \quad \text{と} \quad \varepsilon_1 + \varepsilon_2$$

であるが，最高ルートは

$$\beta = 2\varepsilon_1$$

である．

（4） D_m 型 $(m \geqq 3)$ のとき，

$$\Delta = \{\pm(\varepsilon_j - \varepsilon_k) \mid j < k\} \sqcup \{\pm(\varepsilon_j + \varepsilon_k) \mid j < k\}$$
$$V_+ = \{(x_1, \cdots, x_m) \mid x_1 > \cdots > x_{m-1} > |x_m|\}$$

だから，$\overline{V_+}$ に含まれるルートは

$$\beta = \varepsilon_1 + \varepsilon_2$$

だけであり，これが最高ルートである．

（5） G_2 型のときの最高ルートは，図 5.5 の β である．

以下，5.6 節の記号を用いる．

（6） F_4 型のとき，$\overline{V_+}$ に含まれるルートは

$$\varepsilon_1 + \varepsilon_4 \quad \text{と} \quad \frac{1}{2}(\varepsilon_1 + \varepsilon_2 + \varepsilon_3 + \varepsilon_4)$$

であるが，最高ルートは

$$\beta = \varepsilon_1 + \varepsilon_4$$

である．

（7） E_8 型のとき，$\overline{V_+}$ に含まれるルートは

$$\beta = \varepsilon_1 + \varepsilon_8$$

だけであり，これが最高ルートである．

（8） E_7 型のとき，

$$(\beta, \alpha_j) \geqq 0 \quad \text{for all} \quad j = 2, \cdots, 8$$

を満たす $\beta \in \Delta_{E_7}$ は

$$\beta = \varepsilon_8 - \varepsilon_1$$

だけであり，これが最高ルートである．

（9） E_6 型のとき，

$$(\beta, \alpha_j) \geqq 0 \quad \text{for all} \quad j = 3, \cdots, 8$$

を満たす $\beta \in \Delta_{E_6}$ は

$$\beta = \frac{1}{2}(\varepsilon_8 - \varepsilon_1 - \varepsilon_2 + \varepsilon_3 + \varepsilon_4 + \varepsilon_5 + \varepsilon_6 - \varepsilon_7)$$

だけであり，これが最高ルートである．

注意 5.11 以上のように，$\overline{V_+}$ に含まれるルートの数は高々 2 個であって，2 個の場合はその長さが異なることがわかる．これには理由があって，一般的に次のことが示せるからである．
（1） 既約ルート系の同じ長さのルートは W の作用によってすべて互いに移り合う．
（2） $x, y \in \overline{V_+}, \ y \in Wx \implies x = y.$
（**問**：これらを証明せよ．）

5.8 ルート系の分類[1]

既約ルート系は 4 種類の古典型と 5 つの例外型以外には存在しないことを証明しよう．5.2 節で示したようにルート系を分類するにはその基本系 Ψ，したがってディンキン図形を分類すればよい．

補題 5.12 内積空間 V のベクトル $\alpha_1, \cdots, \alpha_n$ と別の内積空間 V' のベクトル $\alpha'_1, \cdots, \alpha'_n$ について

$$(\alpha_j, \alpha_k) = (\alpha'_j, \alpha'_k) \quad \text{for all} \quad j, k = 1, \cdots, n$$

とする．このとき，$\alpha_1, \cdots, \alpha_n$ が 1 次従属ならば $\alpha'_1, \cdots, \alpha'_n$ も 1 次従属である．

証明 $\sum_{j=1}^n c_j \alpha_j = 0$ のとき

$$\sum_{j=1}^n c_j \alpha'_j = 0$$

を示せばよい．$\alpha'_1, \cdots, \alpha'_n$ で生成される V' の部分空間上（ , ）は非退化である

---

[1] [6]の付録 A では，ここに述べたのと同様の方法により，さらに一般の「アフィンルート系」の分類がなされている．

ので，任意の $k=1,\cdots,n$ に対し
$$\left(\sum_{j=1}^{n} c_j \alpha'_j, \alpha'_k\right) = 0$$
を示せばよい．
$$\left(\sum_{j=1}^{n} c_j \alpha'_j, \alpha'_k\right) = \sum_{j=1}^{n} c_j(\alpha'_j, \alpha'_k) = \sum_{j=1}^{n} c_j(\alpha_j, \alpha_k)$$
$$= \left(\sum_{j=1}^{n} c_j \alpha_j, \alpha_k\right) = (0, \alpha_k) = 0$$
よって証明された． □

前節で定義した拡張ディンキン図形において，最高ルート $\beta = -\alpha_0$ は命題 5.9(3) により Ψ の 1 次結合で表わせる．したがって，拡張ディンキン図形を構成するベクトルは 1 次従属である．しかるに命題 5.9(2) によりディンキン図形の構成ベクトルは 1 次独立であるから，補題 5.12 により

「任意のディンキン図形は拡張ディンキン図形を部分図形として含まない」
(5.1)

ことがわかる．ほとんどこの原理だけを使って連結ディンキン図形 Ψ（基本系と同一視）が以下のように分類できる．

（1） まず Ψ が三重線を含むとする．このとき $\alpha_1, \alpha_2 \in \Psi$ で α_1 と α_2 のなす角 θ_{12} が $150°$ のものが存在する．Ψ がこれ以外のルートを含むとする．Ψ は連結だから α_1 または α_2 と直交しないルート $\alpha_3 \in \Psi$ が存在する．命題 5.10 により α_1 と α_3 のなす角 θ_{13} または α_2 と α_3 のなす角 θ_{23} のどちらかは $120°$ 以上である．さらに $\theta_{13}, \theta_{23} \geqq 90°$ であるから
$$\theta_{12} + \theta_{13} + \theta_{23} \geqq 150° + 120° + 90° = 360°$$
である．しかるに $\alpha_1, \alpha_2, \alpha_3$ はそれらで張られる 3 次元ユークリッド空間の 1 次独立なベクトルだから
$$\theta_{12} + \theta_{13} + \theta_{23} < 360°$$
でなければならない．よって Ψ は α_1, α_2 以外のルートを含まない．すなわち

Ψ は G_2 型であることが示された．

(2) 次に Ψ が二重線を含むとする．二重線を 2 か所以上に含むとすると Ψ は C_n 型の拡張ディンキン図形を部分図形に含むことになる．(**注意**：ルートを 2 倍したり，半分にしたりして二重線に付く矢印の向きを逆転させることができるので，この節の議論では矢印は無視してよい．) よって (5.1) により，二重線を 2 か所以上に含むことはない．

二重線の他に (一重線の) 枝分かれがあるとすると B_n 型の拡張ディンキン図形を含むので (5.1) に反する．よって，枝分かれはない．

二重線の両側のルートの長さの比は $1:\sqrt{2}$ であり，一重線で結ばれるルートの長さは等しいので，二重線を含むループは存在しない．

二重線の両側に長さ 1 以上の「枝」がついていて，片方の長さが 2 以上であるとすると，F_4 型の拡張ディンキン図形を含むので (5.1) に反する．よって，二重線の両側に枝がついているのは F_4 型の場合だけである．

あとは二重線の片側に枝分かれのない「棒状の」グラフがついている場合だけなので，B_n 型または C_n 型である．

(3) 最後に，すべて一重線の場合を考えればよい．

ループがあるとすると，A_n 型 ($n \geq 3$) の拡張ディンキン図形を含むので (5.1) に反する．

2 か所以上で枝分かれがあると，D_n 型 ($n \geq 5$) の拡張ディンキン図形を含むので (5.1) に反する．また，1 か所で 4 本以上に枝分かれする場合も D_4 型の拡張ディンキン図形を含むので (5.1) に反し，排除できる．

したがって，枝分かれがある場合は，1 か所のみで 3 本に枝分かれする場合のみを考えればよい．分岐点から出ている 3 本の枝の長さを長い順に p, q, r とおく．

$r \geq 2$ とすると，E_6 型の拡張ディンキン図形を含むので (5.1) に反する．よって，$r = 1$ である．

$q \geq 3$ とすると，E_7 型の拡張ディンキン図形を含むので (5.1) に反する．よって，q は 1 または 2 である．$q = r = 1$ の場合が D_n 型である．

あとは $q=2$, $r=1$ の場合を考えればよい．$p \geqq 5$ とすると，E_8 型の拡張ディンキン図形を含むので(5.1)に反する．よって，p は $2,3,4$ のいずれかであり，それぞれ E_6 型，E_7 型，E_8 型である．

枝分かれがない場合が A_n 型である．

以上で，ルート系の分類が完結した．

5.9　reduced でないルート系

5.1 節でルート系の条件(定義 5.1)
 (iii)　$\alpha, k\alpha \in \Delta \Longrightarrow k = \pm 1$
は「本質的ではない」と書いたので，条件
 (i)　任意の $\alpha \in \Delta$ に対し，$w_\alpha \Delta = \Delta$
 (ii)　任意の $\alpha, \beta \in \Delta$ に対し，$\dfrac{2(\alpha, \beta)}{(\alpha, \alpha)} \in \mathbf{Z}$ ($\mathbf{Z}$ は整数の集合)
を満たし，(iii)を満たさないルート系を調べよう．以下のようにして，そのようなルート系で既約なものは BC_n 型と呼ばれる 1 種類だけが存在することがわかる．

$\alpha, k\alpha \in \Delta$ とし，$\beta = k\alpha$ とおくと，(ii)により
$$2k = \frac{2(\alpha, \beta)}{(\alpha, \alpha)} \in \mathbf{Z} \quad \text{かつ} \quad \frac{2}{k} = \frac{2(\alpha, \beta)}{(\beta, \beta)} \in \mathbf{Z}$$
であるから，$|k|$ は
$$\frac{1}{2},\ 1,\ 2$$
のいずれかである．

Δ が既約で，Δ で生成されるベクトル空間の次元(Δ の rank (階数)と呼ばれる)が 2 以上であるとする．このとき，$\pm \alpha, \pm 2\alpha \in \Delta$ とすると，$\beta \in \Delta - \{\pm \alpha, \pm 2\alpha\}$ で α と直交しないものが存在する．命題 5.10 と同様の議論により
$$|\beta| = \sqrt{2}\,|\alpha|$$
であり，β と α のなす角は $45°$ または $135°$ であることがわかる．

Δ の部分ルート系 Δ_0 を

$$\Delta_0 = \left\{ \gamma \in \Delta \,\middle|\, \frac{1}{2}\gamma \notin \Delta \right\}$$

で定義すると，Δ_0 は reduced な既約ルート系であり，上記の α, β を含むので，B_n 型，C_n 型または F_4 型である．さらに，α に直交しないルートはすべて長さが $\sqrt{2}\,|\alpha|$ であるので，$\alpha \in \Psi$ となる Ψ を取って考えれば，Δ_0 は C_n 型($n \geq 3$)や F_4 型ではないことがわかる．したがって Δ_0 は B_n 型である．(C_2 型は B_2 型と同型である．)

以上により，
$$\Delta_0 = \{\pm \varepsilon_j\} \sqcup \{\pm \varepsilon_j \pm \varepsilon_k \mid j \neq k\}$$

($\varepsilon_1, \cdots, \varepsilon_n$ は $V = \boldsymbol{R}^n$ の正規直交基底)と書けるが，$\alpha = \pm \varepsilon_j$ であるので，$\pm 2\varepsilon_j \in \Delta$ となり，さらに
$$w_{\varepsilon_j - \varepsilon_k}(2\varepsilon_j) = 2\varepsilon_k$$

であるから，ワイル群の作用に関するルート系の条件(i)により，すべての $k = 1, \cdots, n$ に対し
$$\pm 2\varepsilon_k \in \Delta$$

であることがわかる．よって
$$\Delta = \{\pm \varepsilon_j\} \sqcup \{\pm \varepsilon_j \pm \varepsilon_k \mid j \neq k\} \sqcup \{\pm 2\varepsilon_j\}$$

である．Δ は B_n 型と C_n 型の和集合と思えるので，BC_n 型と呼ばれる．
(**注**：このような reduced でないルート系は対称空間の「制限ルート系」として具体的に現れる．)

第6章

コンパクトリー群の局所同型

6.1 コンパクト単純リー環とコンパクト単純リー群の分類

コンパクトリー群のリー環は**コンパクトリー環**と呼ばれる．リー環はベクトル空間であるから，位相空間としてはコンパクトでないので，この呼び方は誤解を招きかねないが，慣用に従おう．

コンパクトリー環は既約なコンパクトリー環の直和で表わされることが知られている．可換でない既約リー環は**単純**(simple)リー環と呼ばれる．

次の定理が知られている．

定理 6.1 コンパクト単純リー環の同型類は既約ルート系の同型類と 1 対 1 に対応する．

コンパクトリー環のルート系を考えるとき，リー環の複素化を考えているので，次の定理の方が基本的である．

定理 6.2 複素単純リー環の同型類は既約ルート系の同型類と 1 対 1 に対応する．

リー環の構造に関することを理論的に詳しく述べることはこの連載の目的ではないので，これらの定理は証明しない[1]．

---

1) これらの定理の証明については，[2]などを参照．

リー群 G のリー環が単純であるとき，G は単純リー群であるという．よって，$SU(n), SO(n), Sp(n)$ は古典型コンパクト単純リー群である．

注意 6.3　$\mathfrak{u}(n)$ は $\mathfrak{su}(n)$ と1次元リー環

$$\mathfrak{c} = \left\{ \begin{pmatrix} ia & & 0 \\ & \ddots & \\ 0 & & ia \end{pmatrix} \middle| a \in \mathbf{R} \right\}$$

との直和だから，$\mathfrak{u}(n), U(n)$ は単純ではない．

$$\mathfrak{c} = \{X \in \mathfrak{u}(n) \mid [X, Y] = 0 \text{ for all } Y \in \mathfrak{u}(n)\}$$

だから，$\mathfrak{c}$ は $\mathfrak{u}(n)$ の**中心**(center)と呼ばれる．

リー群とリー環の関係については，次の一般的な定理が知られている．

定理 6.4　(ⅰ)　任意のリー環 $\mathfrak{g}$ に対し，単連結な連結リー群でそのリー環が $\mathfrak{g}$ であるものが存在する．

(ⅱ)　2つの連結リー群 G_1, G_2 のリー環が同型であれば，G_1 と G_2 は局所同型である．特に，G_1 が単連結であれば，被覆準同型(covering homomorphism) $f: G_1 \to G_2$ が存在する．(このとき，G_1 は G_2 の普遍被覆空間(universal covering space)であり，f の kernel(核) $f^{-1}(e)$ は G_2 の基本群 $\pi_1(G_2)$ と同型である．)

(注：G_1 と G_2 が局所同型とは，単位元の近傍 $U_1 \subset G_1$，$U_2 \subset G_2$ と微分同型写像 $f: U_1 \to U_2$ が存在して，

$$g, h, gh \in U_1 \Longrightarrow f(gh) = f(g)f(h)$$

が成り立つということ．)

注意 6.5　G_1 が単連結のとき，被覆準同型 $f: G_1 \to G_2$ の kernel $f^{-1}(e) = \{g \in G_1 \mid f(g) = e\}$ は G_1 の中心 $Z = \{g \in G_1 \mid gh = hg \text{ for all } h \in G_1\}$ に含まれることがわかる．逆に，G_1 と局所同型な任意の連結リー群は G_1/Γ (Γ は Z のある離散部分群)と同型である．

6.2 $SU(2)$ と $SO(3)$ の関係

$\mathfrak{su}(2)$ と $\mathfrak{so}(3)$ のルート系はともに
$$\{\alpha, -\alpha\}$$
の形である.（ディンキン図形は白丸1個だけ.）したがって，定理6.1により $\mathfrak{su}(2)$ と $\mathfrak{so}(3)$ は同型であり，定理6.4により $SU(2)$ と $SO(3)$ は局所同型のはずである.

まず，$SU(2)$ が単連結であることを示そう.
$$g = \begin{pmatrix} \alpha & \gamma \\ \beta & \delta \end{pmatrix} \in SU(2)$$
とすると，$\begin{pmatrix} \alpha \\ \beta \end{pmatrix}$ と $\begin{pmatrix} \gamma \\ \delta \end{pmatrix}$ は標準的エルミート内積に関して直交する（第2章参照）ので,
$$\bar{\alpha}\gamma + \bar{\beta}\delta = 0$$
よって
$$\begin{pmatrix} \gamma \\ \delta \end{pmatrix} = k \begin{pmatrix} -\bar{\beta} \\ \bar{\alpha} \end{pmatrix} \quad \text{for some} \quad k \in \mathbf{C}$$
となる. また，$\begin{pmatrix} \alpha \\ \beta \end{pmatrix}$ と $\begin{pmatrix} \gamma \\ \delta \end{pmatrix}$ は標準的エルミート内積に関して長さ1だから
$$|\alpha|^2 + |\beta|^2 = 1, \quad |k| = 1$$
である. 一方，$\det g = 1$ であるから
$$1 = \det g = k(|\alpha|^2 + |\beta|^2) = k$$
である. 以上により,
$$SU(2) = \left\{ g = \begin{pmatrix} \alpha & -\bar{\beta} \\ \beta & \bar{\alpha} \end{pmatrix} \middle| |\alpha|^2 + |\beta|^2 = 1 \right\}$$
であることがわかった. これは
$$\{(\alpha, \beta) \in \mathbf{C}^2 \mid |\alpha|^2 + |\beta|^2 = 1\} \cong S^3 \quad \text{(3次元球面)}$$

と位相同型だから単連結である．

$SU(2)$ が単連結であるので，定理 6.4(ii) によれば，被覆準同型
$$f: SU(2) \longrightarrow SO(3)$$
が存在するはずである．これは，次のように $SU(2)$ の adjoint action を用いて構成するとよい．

$\mathfrak{su}(2)$ 上の内積が
$$(X, Y) = -\mathrm{Re}(\mathrm{tr}\, XY)$$
で定義できる．実際，
$$X = \begin{pmatrix} ia & -\bar{z} \\ z & -ia \end{pmatrix} \in \mathfrak{su}(2) \qquad (a \in \mathbf{R},\ z \in \mathbf{C})$$
のとき，
$$(X, X) = -\mathrm{Re}\left(\mathrm{tr}\begin{pmatrix} ia & -\bar{z} \\ z & -ia \end{pmatrix}\begin{pmatrix} ia & -\bar{z} \\ z & -ia \end{pmatrix}\right) = 2(a^2 + |z|^2)$$
である．また，$g \in SU(2)$ のとき
$$(\mathrm{Ad}(g)X, \mathrm{Ad}(g)Y) = -\mathrm{Re}(\mathrm{tr}\, gXg^{-1}gYg^{-1}) = -\mathrm{Re}(\mathrm{tr}\, XY)$$
$$= (X, Y)$$
であるから，この内積は $SU(2)$ の adjoint action によって不変である．よって，$f(g) = \mathrm{Ad}(g)$ は 3 次元内積空間 $\mathfrak{su}(2)$ 上の直交変換であるので，$\mathfrak{su}(2)$ を $\mathbf{R}^3$ と同一視することにより，$O(3)$ の元と思える．$SU(2)$ が連結だから f の像は $SO(3)$ に含まれる．$f = \mathrm{Ad}$ の kernel は
$$f^{-1}(e) = \{g \in SU(2) \mid \mathrm{Ad}(g)X = X \text{ for all } X \in \mathfrak{su}(2)\}$$
だから
$$\{g \in SU(2) \mid ghg^{-1} = h \text{ for all } h \in SU(2)\}$$
すなわち $SU(2)$ の中心 $Z = \{\pm I_2\}$ と一致する．よって
$$f: SU(2) \longrightarrow SO(3)$$
は 2 重被覆準同型である．

問 6.1 $G = SO(4)$, $\mathfrak{g} = \mathfrak{so}(4)$ に対し，第 3 章で定義した $c = (1/\sqrt{2})(I_4 - iI_4')$ による共役
$$G' = c^{-1}Gc, \qquad \mathfrak{g}' = \mathrm{Ad}(c^{-1})\mathfrak{g}$$

を考えよう．$\mathfrak{g}'$ のリー部分環 $\mathfrak{h}_1, \mathfrak{h}_2$ を

$$\mathfrak{h}_1 = \left\{ \begin{pmatrix} ia & -\bar{z} & 0 & 0 \\ z & -ia & 0 & 0 \\ 0 & 0 & ia & \bar{z} \\ 0 & 0 & -z & -ia \end{pmatrix} \middle| a \in \mathbf{R}, z \in \mathbf{C} \right\}$$

$$\mathfrak{h}_2 = \left\{ \begin{pmatrix} ib & 0 & -\bar{w} & 0 \\ 0 & ib & 0 & \bar{w} \\ w & 0 & -ib & 0 \\ 0 & -w & 0 & -ib \end{pmatrix} \middle| b \in \mathbf{R}, w \in \mathbf{C} \right\}$$

によって定義するとき，$H_1 = \exp \mathfrak{h}_1$, $H_2 = \exp \mathfrak{h}_2$ はともに $SU(2)$ と同型であり，

$$f : H_1 \times H_2 \ni (g, h) \longmapsto gh \in G'$$

は2重被覆準同型であることを示せ．

$SU(n), Sp(n)$ は単連結であることが知られているが，以上のことから予測されるように，$SO(n)$ についてはその普遍被覆群 $Spin(n)$（n 次スピノル群と呼ばれる）が2重被覆であることが知られている．（$Spin(3) \cong SU(2)$, $Spin(4) \cong SU(2) \times SU(2)$, さらに, $Spin(5) \cong Sp(2)$, $Spin(6) \cong SU(4)$ もルート系の同型から自動的に導かれることに注意しよう[2]．）

6.3 ルート系による一般論

$\mathfrak{t}$ を $\mathfrak{g}$ の極大可換部分空間とし，$T = \exp \mathfrak{t}$ をコンパクトリー群 G の極大トーラスとする．ルート $\alpha \in \Delta = \Delta(\mathfrak{g}_C, \mathfrak{t})$ に対し，

$$\alpha^\vee = \frac{2\alpha}{(\alpha, \alpha)} \in i\mathfrak{t}$$

は α の**コルート** (coroot) と呼ばれる．この式の意味は，任意の $\beta \in i\mathfrak{t}^*$ に対し

$$\beta(\alpha^\vee) = \frac{2(\beta, \alpha)}{(\alpha, \alpha)}$$

---

[2] [7]にはこのような同型の作り方が具体的に書いてあっておもしろい．

という意味である．例えば $G = SU(2)$,
$$\alpha : \begin{pmatrix} a & 0 \\ 0 & -a \end{pmatrix} \longmapsto 2a$$
のとき，$\alpha(\alpha^\vee) = 2(\alpha, \alpha)/(\alpha, \alpha) = 2$ だから
$$\alpha^\vee = \begin{pmatrix} 1 & 0 \\ 0 & -1 \end{pmatrix}$$
である．したがって，
$$Q = \{2n\pi i \alpha^\vee \mid n \in \mathbf{Z}\} \subset \mathfrak{t}$$
とおくと，
$$Y \in Q \Longleftrightarrow \exp Y = e$$
である．一般のコンパクトリー群に対しても，
$$\{2\pi i \alpha^\vee \mid \alpha \in \Delta\}$$
で生成される $\mathfrak{t}$ の lattice(格子)を Q とおけば，G が単連結のとき
$$Y \in Q \Longleftrightarrow \exp Y = e \tag{6.1}$$
であることが知られている．

問 6.2 $G = SU(n)$ のときに (6.1) を確かめよ．

次の命題は，「G の任意の元はある極大トーラスに含まれる」「G の任意の極大トーラスは互いに共役である」という 2 つの定理を認めれば明らかであろう．

命題 6.6 G の中心 Z は任意の G の極大トーラスに含まれる．

$g = \exp Y \in T$ が Z に属するとすると，任意のルートベクトル $X \in \mathfrak{g}_C(\mathfrak{t}, \alpha)$ に対し，
$$X = \operatorname{Ad}(g) X = e^{\operatorname{ad}(Y)} X = e^{\alpha(Y)} X$$
であるから，
$$\alpha(Y) \in 2\pi i \mathbf{Z} \qquad (\mathbf{Z} \text{ は整数の集合})$$
である．したがって，
$$R = \{Y \in \mathfrak{t} \mid \alpha(Y) \in 2\pi i \mathbf{Z} \text{ for all } \alpha \in \Delta\}$$

とおけば
$$Y \in R \iff \exp Y \in Z \tag{6.2}$$
である．（ルート系の条件(ii)により，$Q \subset R$ であることに注意しよう．） よって，G が単連結のとき，(6.1)と(6.2)により
$$Z \cong R/Q$$
である．G が単純のとき，Z は次の表のようになる．ただし，$\boldsymbol{Z}_n = \boldsymbol{Z}/n\boldsymbol{Z}$（$n$ 次巡回群）とする．

type	G	Z
A_{n-1}	$SU(n)$	$\boldsymbol{Z}_n$
B_m	$Spin(2m+1)$	$\boldsymbol{Z}_2$
C_m	$Sp(m)$	$\boldsymbol{Z}_2$
D_{2m}	$Spin(4m)$	$\boldsymbol{Z}_2 \times \boldsymbol{Z}_2$
D_{2m+1}	$Spin(4m+2)$	$\boldsymbol{Z}_4$
E_6	E_6	$\boldsymbol{Z}_3$
E_7	E_7	$\boldsymbol{Z}_2$
E_8	E_8	$\{e\}$
F_4	F_4	$\{e\}$
G_2	G_2	$\{e\}$

第7章

球関数と $SO(3)$ の作用

この章では，リー群の作用する空間として知られている対称空間の中で，最も簡単な 2 次元球面 S^2 について，球関数と $SO(3)$ の表現を考察しよう．これは原子核の周りの電子軌道の理論の基礎として，応用上も重要なものである．

2 次元球面 $S^2 = \{(x, y, z) \in \mathbf{R}^3 \mid x^2 + y^2 + z^2 = 1\}$ には $SO(3)$ が 1 次変換として作用している．$SO(3)$ がどのような集合であるかは理解しにくい（$\mathbf{R}^3$ の向きづけられた正規直交基底の集合であるが，なかなか直観が働かない）が，S^2 ならば直観的に考えやすいであろう．このように，群よりもそれの作用する空間の方が理解しやすく，本質的であることも多い．

7.1 群の作用と軌道分解

集合 M に群 G が(左から)作用するとは写像
$$G \times M \ni (g, m) \longmapsto gm \in M$$
が与えられていて，次の 2 条件
 (1) $g(hm) = (gh)m$ $\quad (g, h \in G, \ m \in M)$
 (2) $em = m$ $\quad (m \in M)$
を満たすことである．

例 7.1 $G = SO(3)$, $M = \mathbf{R}^3$ のとき，G は M に 1 次変換によって作用する．

ある $m \in M$ によって，
$$\{gm \mid g \in G\}$$

と書ける M の部分集合は M 上の G-**軌道**(G-orbit)と呼ばれる．
$$\{gm \mid g \in G\} = Gm$$
と表わすのが自然であろう．一般に，
$$Gm = Gm' \iff m' \in Gm \tag{7.1}$$
であることに注意しよう．

例 7.1 の場合，すべての M 上の G-軌道は，原点を中心とする球面であるから
$$M_r = G \begin{pmatrix} 0 \\ 0 \\ r \end{pmatrix} \qquad (r \geqq 0)$$
の形であり，M は
$$M = \bigsqcup_{r \geqq 0} M_r$$
と分解できる．一般に，(7.1) により
$$Gm \cap Gm' \neq \phi \iff Gm = Gm'$$
であるので，M は
$$M = \bigsqcup_{m \in I} Gm$$
と分解できる．これを M の G-**軌道分解**と呼ぶ．

7.2 等質空間と商空間

ある $m \in M$ によって
$$M = Gm$$
となっているとき，M は G の**等質空間**(homogeneous space)であるという．

例 7.2 $G = SO(3)$, $M = S^2 = \{(x, y, z) \in \boldsymbol{R}^3 \mid x^2 + y^2 + z^2 = 1\}$ とすると，M は G の等質空間である．これは例 7.1 を
$$S^2 = G \begin{pmatrix} 0 \\ 0 \\ 1 \end{pmatrix}$$

に制限しただけである．

$m \in M$ に対し，
$$H = G_m = \{g \in G \mid gm = m\}$$
は G の部分群であることがわかるが，これは m における等方部分群(isotropy subgroup)と呼ばれる．G の H による右剰余類の集合(商空間)
$$G/H = \{gH \mid g \in G\}$$
を考える．(これは $gH = \{gh \mid h \in H\}$ という形の G の部分集合(右剰余類)達のなす集合である．)

定理 7.3 写像 $f: G/H \ni gH \mapsto gm \in M$ により，G/H と M は 1 対 1 に対応する．

証明 $gH = g'H$ のとき，ある $h \in H$ によって $g' = gh$ であるから，
$$g'm = ghm = gm$$
よって，f は well-defined である．

$gm = g'm$ のとき，$g^{-1}g'm = m$ であるから $g^{-1}g' \in H$．よって $g' \in gH$ すなわち $g'H = gH$ となるので，f は単射である．

f が全射であることは M が等質空間であることから明らかである．　□

例 7.2 において $m = \begin{pmatrix} 0 \\ 0 \\ 1 \end{pmatrix}$ とおくと，
$$H = G_m = \left\{ \begin{pmatrix} A & 0 \\ 0 & 1 \end{pmatrix} \middle| A \in SO(2) \right\} \cong SO(2)$$
であるから，定理 7.3 により
$$S^2 \cong SO(3)/SO(2)$$
と表わせる．

7.3 等質空間の軌道分解

G の等質空間 M において,G の作用を G のある部分群 K に制限すれば,M の K-軌道分解を考えることができる.

例 7.2 において $M = S^2$ の

$$H = \left\{ \begin{pmatrix} A & 0 \\ 0 & 1 \end{pmatrix} \middle| A \in SO(2) \right\}$$

による軌道分解を考えよう.H の作用は z 軸の周りの回転であるから,M の H-軌道分解は

$$M = \bigsqcup_{0 \leq \theta \leq \pi} H m_\theta, \qquad m_\theta = \begin{pmatrix} \sin\theta \\ 0 \\ \cos\theta \end{pmatrix}$$

で与えられる.さらに

$$h_\varphi = \begin{pmatrix} \cos\varphi & -\sin\varphi & 0 \\ \sin\varphi & \cos\varphi & 0 \\ 0 & 0 & 1 \end{pmatrix} \in H$$

とおけば

$$h_\varphi m_\theta = \begin{pmatrix} \cos\varphi \sin\theta \\ \sin\varphi \sin\theta \\ \cos\theta \end{pmatrix}$$

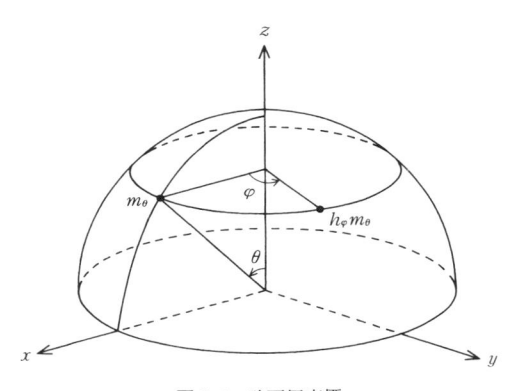

図 7.1 球面極座標

となって，これは**球面極座標**（図 7.1）にほかならない．このように球面極座標は M の H-軌道分解から導かれる．

7.4 直交変換とラプラシアン

$\boldsymbol{R}^n$ 上の関数 f に対する $g \in O(n)$ の作用が
$$(L_g f)(x) = f(g^{-1} x) \quad (x \in \boldsymbol{R}^n)$$
で定義できる．また，$\boldsymbol{R}^n$ 上の**ラプラシアン**(Laplacian) Δ が
$$\Delta = \frac{\partial^2}{\partial x_1^2} + \cdots + \frac{\partial^2}{\partial x_n^2}$$
で定義される．次の事実が以下の議論の基本である．これは，物理法則を記述するために用いられるラプラシアンが直交座標系の取り方に依存しないという自然な要請に由来する事柄である．

定理 7.4 $g \in O(n)$ のとき，L_g と Δ は可換である．すなわち
$$\Delta L_g = L_g \Delta.$$

証明 $n = 2$ のときを考えよう．一般の n についても同様である．
$$g = \begin{pmatrix} a_1 & b_1 \\ a_2 & b_2 \end{pmatrix}$$
とすると，
$$(L_g f)\begin{pmatrix} x \\ y \end{pmatrix} = f\left(g^{-1}\begin{pmatrix} x \\ y \end{pmatrix}\right) = f\left({}^t g \begin{pmatrix} x \\ y \end{pmatrix}\right) = f\begin{pmatrix} a_1 x + a_2 y \\ b_1 x + b_2 y \end{pmatrix}$$
$u = a_1 x + a_2 y$, $v = b_1 x + b_2 y$, $z = f\begin{pmatrix} u \\ v \end{pmatrix}$ とおき，$\dfrac{\partial z}{\partial x} = z_x$, $\dfrac{\partial^2 z}{\partial x^2} = z_{xx}$ などと表わすと
$$\begin{aligned} z_{xx} &= (z_u u_x + z_v v_x)_x \\ &= (z_u)_x u_x + z_u u_{xx} + (z_v)_x v_x + z_v v_{xx} \\ &= (z_{uu} u_x + z_{uv} v_x) u_x + z_u u_{xx} + (z_{vu} u_x + z_{vv} v_x) v_x + z_v v_{xx} \\ &= z_{uu}(u_x)^2 + 2 z_{uv} u_x v_x + z_{vv}(v_x)^2 + z_u u_{xx} + z_v v_{xx} \\ &= a_1^2 z_{uu} + 2 a_1 b_1 z_{uv} + b_1^2 z_{vv} \end{aligned}$$

同様にして
$$z_{yy} = a_2^2 z_{uu} + 2a_2 b_2 z_{uv} + b_2^2 z_{uv}$$
であるから，
$$(\Delta(L_g f))\begin{pmatrix} x \\ y \end{pmatrix} = z_{xx} + z_{yy}$$
$$= (a_1^2 + a_2^2) z_{uu} + 2(a_1 b_1 + a_2 b_2) z_{uv} + (b_1^2 + b_2^2) z_{vv}$$

となるが，$g \in O(2)$ であるから ${}^t gg = I_2$ すなわち

$$\begin{pmatrix} a_1 & a_2 \\ b_1 & b_2 \end{pmatrix} \begin{pmatrix} a_1 & b_1 \\ a_2 & b_2 \end{pmatrix} = \begin{pmatrix} a_1^2 + a_2^2 & a_1 b_1 + a_2 b_2 \\ a_1 b_1 + a_2 b_2 & b_1^2 + b_2^2 \end{pmatrix} = \begin{pmatrix} 1 & 0 \\ 0 & 1 \end{pmatrix}$$

であるので
$$(\Delta(L_g f))\begin{pmatrix} x \\ y \end{pmatrix} = z_{uu} + z_{vv}$$

となる．右辺を正確に書くと
$$z_{uu} \begin{pmatrix} u \\ v \end{pmatrix} + z_{vv} \begin{pmatrix} u \\ v \end{pmatrix}$$

であるので，これは
$$(\Delta f)\begin{pmatrix} u \\ v \end{pmatrix} = (\Delta f)\begin{pmatrix} a_1 x + a_2 y \\ b_1 x + b_2 y \end{pmatrix} = (L_g(\Delta f))\begin{pmatrix} x \\ y \end{pmatrix}$$

に等しい． □

7.5 球面上のラプラシアンと球面調和関数

$\boldsymbol{R}^3$ 上のラプラシアン $\Delta = \frac{\partial^2}{\partial x^2} + \frac{\partial^2}{\partial y^2} + \frac{\partial^2}{\partial z^2}$ を $\boldsymbol{R}^3$ の球面極座標

$$x = r \sin\theta \cos\varphi, \quad y = r \sin\theta \sin\varphi, \quad z = r \cos\theta$$

に変換すると
$$\Delta = \frac{\partial^2}{\partial r^2} + \frac{2}{r} \frac{\partial}{\partial r} + \frac{1}{r^2} \left(\frac{\partial^2}{\partial \theta^2} + \cot\theta \frac{\partial}{\partial \theta} + \frac{1}{\sin^2\theta} \frac{\partial^2}{\partial \varphi^2} \right) \tag{7.2}$$

と表わせることがわかる．

注意 7.5 この式を導くのに直接，球面極座標に変換すると大変な計算にな

る．2次元の極座標変換[1]を用いて，円柱座標
$$x = \rho \cos \varphi, \quad y = \rho \sin \varphi, \quad z = z$$
に変換してから，もう一度2次元の極座標変換を用いれば容易に計算できる[2]．

$$\Delta_{S^2} = \frac{\partial^2}{\partial \theta^2} + \cot \theta \frac{\partial}{\partial \theta} + \frac{1}{\sin^2 \theta} \frac{\partial^2}{\partial \varphi^2} \tag{7.3}$$

は球面 S^2 上のラプラシアンと呼ばれる．

$\boldsymbol{R}^3$ 上の複素係数 n 次同次多項式の空間 V_n を考えよう．

$V_0 \cong \boldsymbol{C}$ （定数関数の集合）
$V_1 = \{c_1 x + c_2 y + c_3 z \mid c_j \in \boldsymbol{C}\}$
$V_2 = \{c_1 x^2 + c_2 y^2 + c_3 z^2 + c_4 xy + c_5 yz + c_6 zx \mid c_j \in \boldsymbol{C}\}$
$\vdots$

よって
$$\dim V_n = \frac{(n+1)(n+2)}{2}$$

である．ラプラシアンの V_n への制限
$$\Delta|_{V_n} : V_n \longrightarrow V_{n-2}$$

は全射であることが示せるので，その kernel を U_n とおくと
$$\dim U_n = \frac{(n+1)(n+2)}{2} - \frac{(n-1)n}{2} = 2n+1$$

である．定理7.4により，$SO(3)$ は U_n に作用する．また，U_n の部分空間で $SO(3)$-不変なものは U_n と $\{0\}$ 以外に存在しないことが示せる．（このようなとき，U_n は**既約 $SO(3)$-加群**であるとか，あるいは U_n 上の $SO(3)$ の**表現が既約**であるという．）

U_n の元を S^2 に制限したものは n 次**球面調和関数**(spherical harmonics)と呼ばれる．$f \in U_n$ とする．$w = f(x, y, z)$ を球面極座標で表わしたものを w

---

[1] $x = r \cos \theta, y = r \sin \theta$ のとき，
$$\frac{\partial^2}{\partial x^2} + \frac{\partial^2}{\partial y^2} = \frac{\partial^2}{\partial r^2} + \frac{1}{r} \frac{\partial}{\partial r} + \frac{1}{r^2} \frac{\partial^2}{\partial \theta^2}$$
証明は定理7.4と同様．大学1年次の微積分の必修事項．

[2] この方法は，微積分の教科書にあまり書かれていない．筆者は，十数年前に鳥取大学教養部に勤務していた頃，非常勤講師の先生が「工学部電子工学科の1年生にはこの式を円柱座標を経由して簡単に導く学生がいる」と感心しておられたので気がついた．

$= F(r, \theta, \varphi)$ としよう．このとき，f は n 次同次多項式だから
$$w = r^n F(1, \theta, \varphi)$$
となり，
$$\frac{\partial w}{\partial r} = nr^{n-1} F(1, \theta, \varphi), \quad \frac{\partial^2 w}{\partial r^2} = n(n-1)r^{n-2} F(1, \theta, \varphi)$$
であるから，(7.2) により
$$\begin{aligned}\Delta w &= \frac{\partial^2 w}{\partial r^2} + \frac{2}{r}\frac{\partial w}{\partial r} + \frac{1}{r^2}\Delta_{S^2} w \\ &= n(n-1)r^{n-2} F(1, \theta, \varphi) + 2nr^{n-2} F(1, \theta, \varphi) + r^{n-2}\Delta_{S^2} F(1, \theta, \varphi) \\ &= r^{n-2}\{n(n+1) F(1, \theta, \varphi) + \Delta_{S^2} F(1, \theta, \varphi)\}\end{aligned}$$
仮定により，$w \in U_n$ すなわち $\Delta w = 0$ であるから
$$\Delta_{S^2} F(1, \theta, \varphi) = -n(n+1) F(1, \theta, \varphi) \tag{7.4}$$
つまり，球面調和関数 $F(1, \theta, \varphi)$ は球面上のラプラシアン Δ_{S^2} の固有関数であって，その固有値は $-n(n+1)$ であることがわかった．

7.6 H の作用による球面調和関数の分解

7.3 節で考えた $G = SO(3)$ の z 軸の周りの回転からなる部分群
$$H = \left\{ \begin{pmatrix} A & 0 \\ 0 & 1 \end{pmatrix} \middle| A \in SO(2) \right\}$$
の V_n への作用を調べよう．
$$f = (x+iy)^k$$
に対する
$$h_\varphi = \begin{pmatrix} \cos\varphi & -\sin\varphi & 0 \\ \sin\varphi & \cos\varphi & 0 \\ 0 & 0 & 1 \end{pmatrix} \in H$$
の作用は
$$(L_{h_\varphi} f)\begin{pmatrix} x \\ y \\ z \end{pmatrix} = f\left(h_\varphi^{-1} \begin{pmatrix} x \\ y \\ z \end{pmatrix} \right) = f\begin{pmatrix} x\cos\varphi + y\sin\varphi \\ -x\sin\varphi + y\cos\varphi \\ z \end{pmatrix}$$
$$= \{(x\cos\varphi + y\sin\varphi) + i(-x\sin\varphi + y\cos\varphi)\}^k$$

$$= \{(\cos\varphi - i\sin\varphi)(x+iy)\}^k = e^{-ik\varphi}(x+iy)^k$$

であるから，f は L_{h_φ} に関して固有値 $e^{-ik\varphi}$ の固有関数である．同様にして，$(x-iy)^\ell$ は固有値 $e^{i\ell\varphi}$ の固有関数であることがわかる．また，z^m は L_{h_φ} の作用で不変である．これらの関数の積を取れば，

$$f = (x+iy)^k(x-iy)^\ell z^m$$

は L_{h_φ} に関して固有値 $e^{i(\ell-k)\varphi}$ の固有関数であることがわかる．

以上によって，V_n は L_{h_φ} の作用により次のように固有空間分解できることがわかる．

$$V_n = \bigoplus_{m=-n}^{n} V_{n,m}$$

ただし，$m \geqq 0$ のとき

$$V_{n,m} = \bigoplus_{k=0}^{[(n-m)/2]} \mathbb{C}\,(x+iy)^{k+m}(x-iy)^k z^{n-m-2k}$$

（$[(n-m)/2]$ は $(n-m)/2$ の整数部分），$m<0$ のとき

$$V_{n,m} = \bigoplus_{k=0}^{[(n-|m|)/2]} \mathbb{C}\,(x+iy)^k(x-iy)^{k+|m|} z^{n-|m|-2k}$$

とする．

定理 7.4 により，ラプラシアン Δ は L_{h_φ} の作用と可換であるので，球面調和関数の空間 U_n も L_{h_φ} に関して

$$U_n = \bigoplus_{m=-n}^{n} U_{n,m} \quad (U_{n,m} = U_n \cap V_{n,m})$$

と固有空間分解できる．Δ を $V_{n,m} \to V_{n-2,m}$ に制限しても全射であり，

$$\dim V_{n,m} - \dim V_{n-2,m} = \left[\frac{n-|m|}{2}\right] - \left[\frac{n-2-|m|}{2}\right] = 1$$

であるから，

$$\dim U_{n,m} = 1$$

である．

7.7 ルジャンドル多項式とルジャンドル陪関数

$U_{n,m}$ の元の公式を求めるには後で述べる直交関係を用いるのが簡単（かつ本質的）であるが，ここでは定義にしたがって強引に n が小さい場合を調べてみ

よう．

$n=0$ のときは，$U_{0,0} = V_{0,0} = \boldsymbol{C}1$ である．

$n=1$ のときは，$U_{1,0} = V_{1,0} = \boldsymbol{C}z$，$U_{1,1} = V_{1,1} = \boldsymbol{C}(x+iy)$，$U_{1,-1} = V_{1,-1} = \boldsymbol{C}(x-iy)$ である．

$n=2$，$m=0$ のとき，$f = az^2 + b(x^2+y^2) \in U_{2,0}$ とすると，

$$\Delta f = \left(\frac{\partial^2}{\partial x^2} + \frac{\partial^2}{\partial y^2} + \frac{\partial^2}{\partial z^2}\right)\{az^2 + b(x^2+y^2)\} = 2a + 4b = 0$$

であるから

$$f = c(2z^2 - x^2 - y^2) \qquad (c \in \boldsymbol{C})$$

である．これを S^2 に制限すると

$$f = c(3z^2 - 1)$$

と書ける．$n=2$，$m \neq 0$ のときは $U_{2,\pm 1} = V_{2,\pm 1} = \boldsymbol{C}(x \pm iy)z$，$U_{2,\pm 2} = V_{2,\pm 2} = \boldsymbol{C}(x \pm iy)^2$ である（複号同順）．

$n=3$，$m=0$ のとき，$f = az^3 + b(x^2+y^2)z \in U_{3,0}$ とすると，

$$\Delta f = \left(\frac{\partial^2}{\partial x^2} + \frac{\partial^2}{\partial y^2} + \frac{\partial^2}{\partial z^2}\right)\{az^3 + b(x^2+y^2)z\} = 6az + 4bz = 0$$

であるから

$$f = c\{2z^3 - 3(x^2+y^2)z\}$$

である．これを S^2 に制限すると

$$f = c\{2z^3 - 3(x^2+y^2)z\} = c(5z^3 - 3z)$$

と書ける．$n=3$，$m=1$ のとき，$f = a(x+iy)z^2 + b(x+iy)^2(x-iy) \in U_{3,1}$ とすると，

$$\left(\frac{\partial^2}{\partial x^2} + \frac{\partial^2}{\partial y^2}\right)(x+iy)^2(x-iy)$$
$$= \left(\frac{\partial}{\partial x} + i\frac{\partial}{\partial y}\right)\left(\frac{\partial}{\partial x} - i\frac{\partial}{\partial y}\right)(x+iy)^2(x-iy)$$
$$= 8(x+iy)$$

であるから

$$\Delta f = 2a(x+iy) + 8b(x+iy) = 0$$

となり，$a + 4b = 0$ である．よって

$$f = c(x+iy)(4z^2 - x^2 - y^2)$$

である. $m = -1$ のときも同様にして
$$f = c(x-iy)(4z^2-x^2-y^2)$$
が示せる. S^2 に制限すると,
$$f = c(x\pm iy)(4z^2-x^2-y^2) = c(x\pm iy)(5z^2-1)$$
$$= ce^{\pm i\varphi}\sqrt{1-z^2}(5z^2-1)$$
となることに注意しよう. $n=3$, $m=\pm 2,\pm 3$ のときは $U_{3,\pm 2} = V_{3,\pm 2} = C(x\pm iy)^2 z$, $U_{3,\pm 3} = V_{3,\pm 3} = C(x\pm iy)^3$ である(複号同順).

$m=0$ のときに $f \in U_{n,0}$ を S^2 上に制限したものは z の多項式になるが, これを $f(1)=1$ となるように正規化して得られる $P_n(z)$ は**ルジャンドル多項式**(Legendre polynomial)と呼ばれる. 上記の計算により,
$$P_0(z) = 1, \quad P_1(z) = z, \quad P_2(z) = \frac{3}{2}z^2 - \frac{1}{2},$$
$$P_3(z) = \frac{5}{2}z^3 - \frac{3}{2}z, \quad \cdots$$
である. また, $m>0$ のときに $f \in U_{n,\pm m}$ を S^2 上に制限したものは
$$f = e^{\pm im\varphi} P_{n,m}(z)$$
と書けるが, この $P_{n,m}(z)$ は**ルジャンドル陪関数**と呼ばれる. (定数倍の任意性がある.)

$f \in U_{n,0}$ は S^2 上に制限すると, φ 方向には一定だから $f = F(\theta)$ と θ だけの関数で表わされる. 例えば $f > k$ で定義される S^2 上の領域は z 軸とのなす角 θ がある一定の範囲にあるという条件だから帯状の領域となる. この意味で $f = F(\theta)$ は**帯球関数**(zonal spherical function)と呼ばれる.

問 7.1 (7.3), (7.4)により, $w = F(\theta)$ は微分方程式
$$\frac{d^2 w}{d\theta^2} + \cot\theta \frac{dw}{d\theta} = -n(n+1)w$$
を満たすが, この微分方程式は $z = \cos\theta$ の変数変換により,
$$(1-z^2)\frac{d^2 w}{dz^2} - 2z\frac{dw}{dz} + n(n+1)w = 0 \tag{7.5}$$
(ルジャンドルの微分方程式)に変換できることを示せ. (ついでに, $w = P_n(z)$, $n = 0,1,2,3$ は(7.5)の解であることを確かめよ.)

7.8 球面調和関数の直交関係式

古くからさまざまな直交多項式系,直交関数系が研究されており[3],現在でも発展しているが,S^2 上の球面調和関数(球関数)を表示するルジャンドル多項式とルジャンドル陪関数はその中でも最も基本的なものである.

2 次元球面 $S^2 = \{(x,y,z) \in \mathbf{R}^3 \,|\, x^2+y^2+z^2 = 1\}$ 上の 2 つの複素数値連続関数 f_1, f_2 に対し,その内積が

$$(f_1, f_2) = \int_{S^2} f_1 \overline{f_2}\, dS$$

で定義できる.測度 dS は $G = SO(3)$ の作用で不変だから,この内積は G-不変すなわち

$$(L_g f_1, L_g f_2) = (f_1, f_2) \quad \text{for all} \quad g \in G$$

であることに注意しよう.次の命題が基本的である.簡単のため,f_1, f_2 は $\mathbf{R}^3$ 上の多項式としよう.

命題 7.6 $(\Delta_{S^2} f_1, f_2) = (f_1, \Delta_{S^2} f_2)$.

(このとき,Δ_{S^2} は**自己共役**(self adjoint)であるという.関数解析学的にはこれでは不十分だが,多項式の範囲で考える限り問題ない.)

証明 いろいろな証明があるが,ここでは球面極座標による Δ_{S^2} の表示 (7.3),すなわち

$$\Delta_{S^2} = \frac{\partial^2}{\partial \theta^2} + \cot\theta \, \frac{\partial}{\partial \theta} + \frac{1}{\sin^2 \theta} \frac{\partial^2}{\partial \varphi^2}$$

を用いた標準的な証明をしよう.

f_1, f_2 を S^2 上に制限したものを $f_1 = F_1(\theta, \varphi)$,$f_2 = F_2(\theta, \varphi)$ と球面極座標表示しておく.$dS = \sin\theta \, d\theta d\varphi$ であるから,

$$\left(\frac{\partial^2 F_1}{\partial \theta^2} + \cot\theta \, \frac{\partial F_1}{\partial \theta}, F_2 \right)$$

---

3) [5]など参照.

$$= \int_0^{2\pi} \int_0^{\pi} \left(\frac{\partial^2 F_1}{\partial \theta^2} + \cot \theta \, \frac{\partial F_1}{\partial \theta} \right) \overline{F}_2 \sin \theta \, d\theta d\varphi$$

$$= \int_0^{2\pi} \int_0^{\pi} \left(\sin \theta \, \frac{\partial^2 F_1}{\partial \theta^2} + \cos \theta \, \frac{\partial F_1}{\partial \theta} \right) \overline{F}_2 \, d\theta d\varphi$$

$$= - \int_0^{2\pi} \int_0^{\pi} \sin \theta \, \frac{\partial F_1}{\partial \theta} \, \frac{\partial \overline{F}_2}{\partial \theta} \, d\theta d\varphi$$

となる．ただし，部分積分により

$$\int_0^{\pi} \left(\sin \theta \, \frac{\partial^2 F_1}{\partial \theta^2} + \cos \theta \, \frac{\partial F_1}{\partial \theta} \right) \overline{F}_2 \, d\theta$$

$$= \left[\sin \theta \, \frac{\partial F_1}{\partial \theta} \, \overline{F}_2 \right]_0^{\pi} - \int_0^{\pi} \sin \theta \, \frac{\partial F_1}{\partial \theta} \, \frac{\partial \overline{F}_2}{\partial \theta} \, d\theta$$

$$= - \int_0^{\pi} \sin \theta \, \frac{\partial F_1}{\partial \theta} \, \frac{\partial \overline{F}_2}{\partial \theta} \, d\theta$$

となることを用いた．同様にして

$$\left(F_1, \frac{\partial^2 F_2}{\partial \theta^2} + \cot \theta \, \frac{\partial F_2}{\partial \theta} \right) = - \int_0^{2\pi} \int_0^{\pi} \sin \theta \, \frac{\partial F_1}{\partial \theta} \, \frac{\partial \overline{F}_2}{\partial \theta} \, d\theta d\varphi$$

も示せるので，

$$\left(\frac{\partial^2 F_1}{\partial \theta^2} + \cot \theta \, \frac{\partial F_1}{\partial \theta}, F_2 \right) = \left(F_1, \frac{\partial^2 F_2}{\partial \theta^2} + \cot \theta \, \frac{\partial F_2}{\partial \theta} \right) \tag{7.6}$$

が成り立つ．また，同様にして

$$\int_0^{2\pi} \frac{\partial^2 F_1}{\partial \varphi^2} \, \overline{F}_2 \, d\varphi = \left[\frac{\partial F_1}{\partial \varphi} \, \overline{F}_2 \right]_0^{2\pi} - \int_0^{2\pi} \frac{\partial F_1}{\partial \varphi} \, \frac{\partial \overline{F}_2}{\partial \varphi} \, d\varphi$$

$$= - \int_0^{2\pi} \frac{\partial F_1}{\partial \varphi} \, \frac{\partial \overline{F}_2}{\partial \varphi} \, d\varphi = \int_0^{2\pi} F_1 \, \frac{\partial^2 \overline{F}_2}{\partial \varphi^2} \, d\varphi$$

であるので，

$$\left(\frac{\partial^2 F_1}{\partial \varphi^2}, F_2 \right) = \left(F_1, \frac{\partial^2 F_2}{\partial \varphi^2} \right) \tag{7.7}$$

も成り立つ．(7.6), (7.7) により

$$(\Delta_{S^2} f_1, f_2) = (f_1, \Delta_{S^2} f_2)$$

が示された． □

命題 7.6 を球面調和関数に適用すれば次の直交関係式が得られる．

系 7.7(球面調和関数の直交関係式)　$f_1 \in U_{n_1}$, $f_2 \in U_{n_2}$ について $n_1 \neq n_2$ の

とき，
$$(f_1, f_2) = 0$$

証明 $\Delta_{S^2} f_1 = -n_1(n_1+1) f_1, \quad \Delta_{S^2} f_2 = -n_2(n_2+1) f_2$
だから
$$(\Delta_{S^2} f_1, f_2) = -n_1(n_1+1)(f_1, f_2), \quad (f_1, \Delta_{S^2} f_2) = -n_2(n_2+1)(f_1, f_2)$$
よって，命題 7.6 により
$$-n_1(n_1+1)(f_1, f_2) = -n_2(n_2+1)(f_1, f_2)$$
$n_1 \neq n_2$ だから
$$(f_1, f_2) = 0 \qquad \square$$

7.9 ルジャンドル多項式の直交関係とロードリーグの公式

$f_1 \in U_{n_1,0}$ のとき，$f_1|_{S^2} = F_1(\theta, \varphi)$ は θ だけの関数で，$f_1(0, 0, 1) = 1$ のとき
$$f_1|_{S^2} = P_{n_1}(\cos \theta) = P_{n_1}(z)$$
(ルジャンドル多項式)と定義した．$f_2 \in U_{n_2,0}$ についても $f_2(0, 0, 1) = 1$ のとき
$$f_2|_{S^2} = P_{n_2}(\cos \theta) = P_{n_2}(z)$$
であるが，$n_1 \neq n_2$ のとき
$$0 = (f_1, f_2) = \int_0^\pi \int_0^{2\pi} P_{n_1}(\cos \theta) \overline{P_{n_2}(\cos \theta)} \, d\varphi \sin \theta \, d\theta$$
$$= 2\pi \int_0^\pi P_{n_1}(\cos \theta) \overline{P_{n_2}(\cos \theta)} \sin \theta \, d\theta = 2\pi \int_{-1}^1 P_{n_1}(z) \overline{P_{n_2}(z)} \, dz$$
となる．区間 $[-1, 1]$ 上の複素数値連続関数のなす空間に
$$(f, g) = \int_{-1}^1 f(z) \overline{g(z)} \, dz \tag{7.8}$$
によってエルミート内積を定義しよう．W_n を n 次以下の多項式のなすベクトル空間とすると，$P_0, P_1, \cdots, P_n$ は W_n の基底をなすことがわかる．

定理 7.8 (ロードリーグ(Rodrigues)の公式)
$$P_n(z) = \frac{1}{2^n n!} \frac{d^n}{dz^n} (z^2 - 1)^n$$

この定理を証明するために次の補題が必要である．$Q(z) = (z^2-1)^n$ とおこう．

補題 7.9 $0 \leq k < n$ のとき，$Q^{(k)}(\pm 1) = 0$．

問 7.2 補題 7.9 を証明せよ．（ライプニッツの公式
$$(fg)^{(k)} = \sum_{j=0}^{k} \binom{k}{j} f^{(k-j)} g^{(j)}$$
を用いる．）

定理 7.8 の証明 P_n は $P_0, P_1, \cdots, P_{n-1}$ と直交し，$P_0, P_1, \cdots, P_{n-1}$ は W_{n-1} の基底であるので，$Q^{(n)}(z)$ が W_{n-1} と直交することを示せば，
$$P_n(z) = c\, Q^{(n)}(z) \quad \text{for some} \quad c \in \mathbf{C} \tag{7.9}$$
がわかる．まず，これを示そう．そのためには $Q^{(n)}(z)$ が $1, z, \cdots, z^{n-1}$（これらも W_{n-1} の基底）と直交することを示せばよい．

$0 \leq m \leq n-1$ のとき，補題 7.9 を用いて
$$\int_{-1}^{1} z^m Q^{(n)}(z)\, dz = [z^m Q^{(n-1)}(z)]_{-1}^{1} - \int_{-1}^{1} mz^{m-1} Q^{(n-1)}(z)\, dz$$
$$= -\int_{-1}^{1} mz^{m-1} Q^{(n-1)}(z)\, dz$$
$$= \cdots = \int_{-1}^{1} (-1)^m m!\, Q^{(n-m)}(z)\, dz$$
$$= [(-1)^m m!\, Q^{(n-m-1)}(z)]_{-1}^{1} = 0$$
よって (7.9) が示された．あとは定数 c を求めればよい．

ライプニッツの公式により，
$$Q^{(n)}(z) = \sum_{j=0}^{n} \binom{n}{j} ((z-1)^n)^{(n-j)} ((z+1)^n)^{(j)}$$
であり，$j > 0$ のとき
$$((z-1)^n)^{(n-j)}|_{z=1} = 0$$
だから
$$Q^{(n)}(1) = ((z-1)^n)^{(n)} (z+1)^n|_{z=1} = 2^n n!$$
である．よって $c = 1/2^n n!$ となる． □

7.10　ルジャンドル陪関数の公式

$m>0$ のとき $f\in U_{n,\pm m}$ を S^2 上に制限したものは
$$f = e^{\pm im\varphi}P_{n,m}(z)$$
と書けるが，この $P_{n,m}(z)$（定数倍の任意性がある）はルジャンドル陪関数と呼ばれるのであった(7.7節)．この節では系7.7から導かれる $P_{n,m}(z)$ の直交関係を用いて $P_{n,m}(z)$ の公式を導こう．

系7.7により $f_1\in U_{n_1,m}$, $f_2\in U_{n_2,m}$ に対し，$n_1\ne n_2$ のとき $(f_1,f_2)=0$ であるが，

$$\begin{aligned}(f_1,f_2) &= \int_{S^2} f_1\overline{f_2}dS \\ &= \int_0^\pi\int_0^{2\pi} e^{\pi im\varphi}P_{n_1,m}(\cos\theta)e^{-\pi im\varphi}\overline{P_{n_2,m}(\cos\theta)}\sin\theta\, d\varphi d\theta \\ &= 2\pi\int_0^\pi P_{n_1,m}(\cos\theta)\overline{P_{n_2,m}(\cos\theta)}\sin\theta\, d\theta \\ &= 2\pi\int_{-1}^1 P_{n_1,m}(z)\overline{P_{n_2,m}(z)}dz\end{aligned}$$

であるから，ルジャンドル陪関数の直交関係

$$\int_{-1}^1 P_{n_1,m}(z)\overline{P_{n_2,m}(z)}\,dz = 0$$

が得られる．

一方，$m>0$ のとき，7.6節の $V_{n,m}$ の表示式

$$V_{n,m} = \bigoplus_{k=0}^{[(n-m)/2]} \mathbf{C}(x+iy)^{k+m}(x-iy)^k z^{n-m-2k}$$

により $f\in U_{n,m}$ を S^2 に制限したものは
$$f = (x+iy)^m R_{n,m}(z)$$
と $n-m$ 次多項式 $R_{n,m}(z)$ を用いて表示できる．S^2 上で $x+iy=e^{i\varphi}\sqrt{1-z^2}$ であるから
$$P_{n,m}(z) = (1-z^2)^{m/2}R_{n,m}(z)$$
と表わせる．よって $n_1\ne n_2$ のとき

$$\int_{-1}^1 (1-z^2)^m R_{n_1,m}(z)\overline{R_{n_2,m}(z)}\,dz = 0 \qquad(7.10)$$

である．

定理 7.10 $P_{n,m}(z) = c(1-z^2)^{m/2}\dfrac{d^m}{dz^m}P_n(z)$

証明 7.9 節と同様に $R_{m,m}, R_{m+1,m}, \cdots, R_{n,m}$ は W_{n-m} の基底であるので，$0 \leq k \leq n-m-1$ のときに
$$\int_{-1}^{1}(1-z^2)^m R_{m+k,m}(z)\frac{d^m}{dz^m}P_n(z)\,dz = 0$$
を示せば，(7.10) により
$$R_{n,m}(z) = c\,\frac{d^m}{dz^m}P_n(z)$$
となって証明が完結する．($P_n(z)$ は実数値関数であることに注意．)

$T(z) = (1-z^2)^m R_{m+k,m}(z)$ とおくと，補題 7.9 と同様に $0 \leq \ell \leq m-1$ のとき $T^{(\ell)}(\pm 1) = 0$ であるので，部分積分を繰り返し用いて
$$\int_{-1}^{1} T(z)\frac{d^m}{dz^m}P_n(z)\,dz = (-1)^m \int_{-1}^{1}\left\{\frac{d^m}{dz^m}T(z)\right\}P_n(z)\,dz$$
が得られる．しかるに $\dfrac{d^m}{dz^m}T(z)$ の次数は $m+k$ で n より小さいので
$$\frac{d^m}{dz^m}T(z) \in W_{n-1}$$
であり，定理 7.8 の証明で示したように，これは $P_n(z)$ と直交する． □

7.11 補足

$L^2(S^2)$ を測度 dS に関する S^2 上の 2 乗可積分関数のなす空間とする(ルベーグ積分論)．このとき，$L^2(S^2)$ は次のようにヒルベルト空間として直和分解できることが知られている．
$$L^2(S^2) = \bigoplus_{n=0}^{\infty} U_n|_{S^2}$$
(定理 7.8 では $U_n|_{S^2}$ ($n = 0, 1, \cdots$) の直交関係の部分だけを示したのである．) この分解はラプラシアン Δ_{S^2} による $L^2(S^2)$ のスペクトル分解(固有値分解)であり，同時に $G = SO(3)$ の作用に関する既約表現への分解となっていることが知られている．

さらに $2n+1$ 個の関数 $P_n(\cos\theta)$, $e^{\pm i\varphi}P_{n,1}(\cos\theta)$, $\cdots$, $e^{\pm in\varphi}P_{n,n}(\cos\theta)$ は

$U_n|_{S^2}$ の直交基底となっている.

次章で $SO(3)$ の普遍被覆群である $SU(2)$ (6.2 節参照) の表現論を解説し, $SO(3)$ の表現論に関することはそこで補足しよう.

第8章

$SU(2)$ の表現論

8.1 群の有限次元表現

群 G から $GL(n, \boldsymbol{C})$ への準同型 ρ を G の n **次元表現**と呼ぶ．G がリー群のときにはさらに ρ の微分可能性も仮定することにしよう．

次のように，G は $V = \boldsymbol{C}^n$ に（線形写像として）作用する．
$$G \times V \ni (g, v) \longmapsto \rho(g)v \in V \tag{8.1}$$
このとき V は G-**加群**（G-module）であると言われる．（G は ρ を経由して V に作用していることに注意しよう．）$V = \boldsymbol{C}^n$ の基底の取り方は本質的ではないので，G の表現を次のように定義する方が望ましい．すなわち，有限次元複素ベクトル空間 V と G から $GL(V)$（V 上の1次変換のなす群）への準同型 ρ の組 (ρ, V) を G の**表現**と呼ぶのである．この方が V の基底の取り方に依存しない本質的な考察が可能である．以下ではこちらの定義を採用しよう．(8.1)によって，V を G-加群とみなす．

2つの G の表現 (ρ, V) と (ρ', V') が**同型**であるとは，V と V' が G-加群として同型であるということと定義する．すなわち，線形同型 $f: V \to V'$ が存在して
$$f(\rho(g)v) = \rho'(g)f(v) \quad \text{for} \quad g \in G, \, v \in V$$
が成り立つことである．

V の部分空間 W が G の作用によって不変であるとき（すなわち，$\rho(g)W = W$ for all $g \in G$ のとき），W は V の G-**部分加群**と呼ばれる．V の G-部分加群が V と $\{0\}$ 以外に存在しないとき，V は**既約**（irreducible）G-加群であるといい，表現 (ρ, V) は既約であるという．

V の任意の G-部分加群 W に対し，$V = W \oplus W'$ を満たす G-部分加群 W' が存在するとき，V は**完全可約**(completely reducible)であるという．明らかに次の命題が成り立つ．

命題 8.1 完全可約な G-加群 V は既約 G-部分加群の直和である．すなわち
$$V = \bigoplus_{j=1}^{m} V_j$$
(V_j は V の既約 G-部分加群)と表わせる．

8.2 $U(1)$-加群の完全可約性

任意のコンパクトリー群 G について，次の基本的な定理が知られている．

定理 8.2 任意の G-加群は完全可約である．

これは，一般にコンパクト位相群 G について知られていることであって，G 上にハール測度(Haar measure)と呼ばれる不変測度が存在することを用いて証明される．この節では G が1次元コンパクトリー群 $U(1) = \{g \in \mathbb{C} \mid |g| = 1\}$ の場合を考察しよう．

$G = U(1)$ とし，V を任意の G-加群とする．V 上のエルミート内積 $(\,,\,)$ を1つ取り，次の式によって別のエルミート内積 $(\,,\,)_G$ を定義する．
$$(u, v)_G = \int_0^{2\pi} (\rho(e^{i\theta}) u, \rho(e^{i\theta}) v) \, d\theta$$
(表現 ρ の微分可能性によって被積分関数は θ の連続関数である．) $(\,,\,)_G$ の双線形性，エルミート性は明らかであろう．正定値であることも次のようにしてわかる．$v \neq 0$ のとき $(\rho(e^{i\theta}) v, \rho(e^{i\theta}) v) > 0$ だから，
$$(v, v)_G = \int_0^{2\pi} (\rho(e^{i\theta}) v, \rho(e^{i\theta}) v) \, d\theta > 0$$

命題 8.3 $(\,,\,)_G$ は G 不変である．すなわち

$$(\rho(g)u, \rho(g)v)_G = (u,v)_G \quad \text{for all} \quad g \in G.$$

証明 $g = e^{i\theta_0}$ とおくと,

$$\begin{aligned}
(\rho(g)u, \rho(g)v)_G &= \int_0^{2\pi} (\rho(e^{i\theta})\rho(g)u, \rho(e^{i\theta})\rho(g)v)\, d\theta \\
&= \int_0^{2\pi} (\rho(e^{i\theta}g)u, \rho(e^{i\theta}g)v)\, d\theta \\
&= \int_0^{2\pi} (\rho(e^{i(\theta+\theta_0)})u, \rho(e^{i(\theta+\theta_0)})v)\, d\theta \\
&= \int_{\theta_0}^{2\pi+\theta_0} (\rho(e^{i\varphi})u, \rho(e^{i\varphi})v)\, d\varphi \\
&\qquad\qquad\qquad\qquad (\theta+\theta_0 = \varphi \text{ とおく}) \\
&= \int_0^{2\pi} (\rho(e^{i\varphi})u, \rho(e^{i\varphi})v)\, d\varphi \\
&\qquad\qquad\qquad\qquad (e^{i(\varphi+2\pi)} = e^{i\varphi} \text{ を用いた}) \\
&= (u,v)_G. \qquad \square
\end{aligned}$$

このエルミート内積 $(\,,\,)_G$ を用いて, 次のように $G = U(1)$ の表現の完全可約性が示せる.

定理 8.2′ 任意の $U(1)$-加群は完全可約である.

証明 V を G-加群 ($G = U(1)$) とし, W を V の任意の G-部分加群とする. W' を V における $(\,,\,)_G$ に関する W の直交補空間とすると, 任意の $g \in G$, $w \in W$, $w' \in W'$ に対し $g^{-1}w \in W$ であるから

$$(gw', w)_G = (w', g^{-1}w)_G = 0$$

すなわち $gw' \in W'$ となり, W' が G-部分加群であることが示された. $\square$

次に $U(1)$ の既約表現を考察しよう. 一般に

定理 8.4 可換群の既約表現は 1 次元である.

が知られている．（シュアーの補題を用いる代数的な証明が標準的である．）
$G = U(1)$ の場合に初等的にこれを確かめよう．あまり使いたくない特殊な方法ではあるが，
$$g = e^{i\theta}$$
として $\theta/2\pi$ が無理数であるものを取ろう．このとき，
$$S = \{g^n \,|\, n = 0, 1, 2, \cdots\}$$
は $G = U(1)$ の稠密(dense)な部分集合になる．V を G-加群とし，v を $\rho(g)$ に関する固有ベクトルとする．すなわち
$$\rho(g)v = \lambda v$$
である．（ここで，V が複素ベクトル空間であることを用いている．）
$$\rho(g^n)v = \lambda^n v$$
であるから，$\boldsymbol{C}v$ は $\rho(S)$ の作用によって不変である．任意の $h \in G$ に対し，
$$h = \lim_{k \to \infty} g^{n_k}$$
となる数列 $\{n_k\}$ が存在する．ρ の連続性により
$$\rho(h)v = \lim_{k \to \infty} \rho(g^{n_k})v = \lim_{k \to \infty} \lambda^{n_k} v \in \boldsymbol{C}v$$
であるので，$\boldsymbol{C}v$ は V の G-部分加群である．したがって，V が既約 G-加群であるとすると，$\dim V = 1$ でなければならない．

定理 8.5 $U(1)$ の既約表現の同型類は整数の集合 $\boldsymbol{Z}$ と1対1に対応する．具体的には $n \in \boldsymbol{Z}$ に対し，表現
$$\rho_n(g)v = g^n v \quad \text{for} \quad v \in V \cong \boldsymbol{C}$$
が対応する．

証明 既約 $U(1)$-加群は1次元だから，$U(1)$ から $\boldsymbol{C} - \{0\}$ の乗法群 $\boldsymbol{C}^\times$ への微分可能準同型をすべて求めればよい．加法群 $\boldsymbol{R}$ から $\boldsymbol{C}^\times$ への微分可能準同型はすべて
$$x \longmapsto e^{\alpha x} \qquad (\alpha \in \boldsymbol{C})$$
の形である．（**問**：これを証明せよ．）$U(1)$ から $\boldsymbol{C}^\times$ への微分可能準同型 $\rho : g$

$\mapsto \rho(g)$ と $\mathbf{R} \ni x \mapsto e^{ix} \in U(1)$ を合成すると
$$x \longmapsto \rho(e^{ix})$$
となるので,
$$\rho(e^{ix}) = e^{ax} \quad \text{for some} \quad a \in \mathbf{C}$$
である. この写像が well-defined であるためには
$$e^{2\pi a} = 1$$
すなわち $a \in i\mathbf{Z}$ が必要十分である. $a = in$ $(n \in \mathbf{Z})$ と書けば, $\rho(g) = g^n$ と表わせる. □

8.3 $SU(2)$ の既約表現

数学の発展の道筋は他の実験科学と同様に, 具体例の考察が基礎となっている場合がほとんどである. したがって, $SU(2)$ の既約表現について解説するのに, まず具体的にどのような表現が既約表現であるのかということを先に述べよう.

V_n を 2 変数複素係数 n 次同次多項式の集合とする. すなわち
$$V_n = \{a_0 x^n + a_1 x^{n-1} y + \cdots + a_n y^n \mid a_0, \cdots, a_n \in \mathbf{C}\}$$
(dim $V_n = n+1$) である. V_n への $G = SU(2)$ の作用 π_n を 7.4 節と同様に次で定義する.
$$(\pi_n(g)f)\begin{pmatrix} x \\ y \end{pmatrix} = f\left(g^{-1}\begin{pmatrix} x \\ y \end{pmatrix}\right)$$
第 8 章の目標は次の定理である.

定理 8.6 $SU(2)$ の任意の既約表現はある (π_n, V_n) $(n = 0, 1, 2, \cdots)$ と同型である.

8.4 ウェイト分解

$G = SU(2)$ の極大トーラス

$$T = \left\{ t(a) = \begin{pmatrix} a & 0 \\ 0 & a^{-1} \end{pmatrix} \middle| |a| = 1 \right\} \cong U(1)$$

を考えよう．8.2 節の結果により，$SU(2)$ の任意の表現 (ρ, V) を T に制限したものは T の 1 次元表現の直和に分解できる．よって，V の基底を各直和成分から取ることにより，$\rho(t) : V \to V$ はすべての $t \in T$ について同時に対角化できる．したがって V は $\rho(t)$ $(t \in T)$ に関して同時固有空間分解できることがわかる．すなわち

$$V = \bigoplus_{m \in W_\rho} V(m)$$

$(V(m) = \{v \in V \mid \rho(t(a))v = a^m v\}$ とし，$W_\rho = \{m \in \mathbf{Z} \mid V(m) \neq \{0\}\}$ は有限集合) である．この分解を T に関する (ρ, V) の**ウェイト分解**と呼び，W_ρ の元を ρ の**ウェイト** (weight)，$V(m)$ をウェイト m に対する**ウェイト空間**と呼ぶ．$\dim V(m)$ はウェイト m の**重複度**と呼ばれる．

8.3 節の (π_n, V_n) をウェイト分解してみよう．$f = x^{n-k} y^k$ のとき

$$(\pi_n(t(a))f)\begin{pmatrix} x \\ y \end{pmatrix} = f\left(t(a)^{-1} \begin{pmatrix} x \\ y \end{pmatrix}\right) = f\begin{pmatrix} a^{-1} x \\ a y \end{pmatrix}$$
$$= (a^{-1} x)^{n-k} (ay)^k = a^{2k-n} x^{n-k} y^k = a^{2k-n} f\begin{pmatrix} x \\ y \end{pmatrix}$$

したがって，

$$V_n = \boldsymbol{C} x^n \oplus \boldsymbol{C} x^{n-1} y \oplus \cdots \oplus \boldsymbol{C} y^n$$

は T に関するウェイト分解であって，$W_{\pi_n} = \{-n, -n+2, -n+4, \cdots, n\}$，各ウェイトの重複度は 1 である．

8.5 微分表現

リー群 G の表現 (ρ, V) から，次のようにして G のリー環 $\mathfrak{g}$ の表現 (ρ の微分表現) が導かれる．$X \in \mathfrak{g}$, $v \in V$ に対し，

$$\rho(X) v = \frac{d}{ds} \rho(\exp sX) v|_{s=0} = \lim_{s \to 0} \frac{1}{s} (\rho(\exp sX) v - v).$$

($\rho(g)$ と書けば群 G の表現，$\rho(X)$ と書けばリー環 $\mathfrak{g}$ の表現を意味する．) ただし，リー環の表現とはリー環の準同型

$$\rho : \mathfrak{g} \longrightarrow \mathfrak{gl}(V)$$

すなわち

$$\rho([X, Y]) = \rho(X)\rho(Y) - \rho(Y)\rho(X) \quad \text{for} \quad X, Y \in \mathfrak{g}$$

を満たす (ρ, V) と自然に定義する（$\mathfrak{gl}(V)$ は V からそれ自身への線形写像の集合）．

$$Y = \begin{pmatrix} i & 0 \\ 0 & -i \end{pmatrix} \in \mathfrak{su}(2)$$

について，$\rho(Y) : V \to V$ を考えよう．$v \in V(m)$ のとき

$$\rho(\exp sY)v = \rho(t(e^{is}))v = e^{ims}v$$

であるから，

$$\rho(Y)v = imv$$

となる．したがって，$\rho(Y)$ によって V は固有空間分解でき，それは T に関するウェイト分解と一致する．とくに

$$V(m) = \{v \in V \mid \rho(Y)v = imv\} \tag{8.2}$$

である．

8.6 リー環の表現の複素化

実リー環の表現 $\rho : \mathfrak{g} \to \mathfrak{gl}(V)$ に対して，$\mathfrak{g}$ の複素化 $\mathfrak{g}_C$ の表現

$$\rho_C : \mathfrak{g}_C \longrightarrow \mathfrak{gl}(V)$$

が

$$\rho_C(X + iY) = \rho(X) + i\rho(Y) \quad \text{for} \quad X, Y \in \mathfrak{g}$$

によって自然に定義できる．これをリー環 $\mathfrak{g}$ の表現 ρ の**複素化**と呼ぼう．

8.3 節の $SU(2)$ の表現 (π_n, V_n) はもともと次の $GL(2, \boldsymbol{C})$ の表現 $\tilde{\pi}_n$ を $SU(2)$ に制限したものである．

$$(\tilde{\pi}_n(g)f)\begin{pmatrix} x \\ y \end{pmatrix} = f\left(g^{-1}\begin{pmatrix} x \\ y \end{pmatrix}\right) \quad \text{for} \quad g \in GL(2, \boldsymbol{C})$$

この表現の微分表現は複素線形であるので，それを $\mathfrak{g}_C = \mathfrak{sl}(2, \boldsymbol{C})$ に制限したものが π_n の微分表現の複素化になっている．すなわち

$$\tilde{\pi}_n|_{\mathfrak{g}_C} = (\pi_n)_C$$

である．これらを区別して表わさなくてもたいてい問題ないので，すべて単に π_n で表わそう．

8.7 (π_n, V_n) の既約性

まず，第2章で扱ったルート系の概念を $\mathfrak{g} = \mathfrak{su}(2)$ とその複素化 $\mathfrak{g}_C = \mathfrak{sl}(2, \boldsymbol{C})$ について復習しよう．

$$Y = \begin{pmatrix} i & 0 \\ 0 & -i \end{pmatrix}$$

を用いて，$\mathfrak{t} = \boldsymbol{R}Y$ とおくと $\mathfrak{t}$ は $\mathfrak{g}$ の1つの極大可換部分空間であるが，

$$X_+ = \begin{pmatrix} 0 & 1 \\ 0 & 0 \end{pmatrix}, \quad X_- = \begin{pmatrix} 0 & 0 \\ 1 & 0 \end{pmatrix}$$

とおくと

$$[Y, X_+] = 2iX_+, \quad [Y, X_-] = -2iX_-$$

であるので，$\boldsymbol{C}X_\pm$ はそれぞれルート $\pm \alpha : xY \mapsto \pm 2ix \ (x \in \boldsymbol{R})$ に対するルート空間であり，$\mathfrak{g}_C$ は

$$\mathfrak{g}_C = \boldsymbol{C}Y \oplus \boldsymbol{C}X_+ \oplus \boldsymbol{C}X_-$$

とルート空間分解される．

命題 8.7 $\pi_n(Y), \pi_n(X_+), \pi_n(X_-)$ は次のように微分作用素で表わせる．

$$\pi_n(Y) = -ix\frac{\partial}{\partial x} + iy\frac{\partial}{\partial y}$$

$$\pi_n(X_+) = -y\frac{\partial}{\partial x}, \quad \pi_n(X_-) = -x\frac{\partial}{\partial y}$$

証明 $\pi_n(Y)$ については

$$\exp sY = \begin{pmatrix} e^{is} & 0 \\ 0 & e^{-is} \end{pmatrix}$$

だから

$$f\left(\exp(-sY)\begin{pmatrix} x_0 \\ y_0 \end{pmatrix}\right) = f\begin{pmatrix} e^{-is}x_0 \\ e^{is}y_0 \end{pmatrix}$$

であり，合成関数の微分法により
$$\frac{d}{ds} f\begin{pmatrix} e^{-is}x_0 \\ e^{is}y_0 \end{pmatrix} = -ix_0 \frac{\partial f}{\partial x}\begin{pmatrix} e^{-is}x_0 \\ e^{is}y_0 \end{pmatrix} + iy_0 \frac{\partial f}{\partial y}\begin{pmatrix} e^{-is}x_0 \\ e^{is}y_0 \end{pmatrix}$$
となる．よって
$$(\pi_n(Y)f)\begin{pmatrix} x_0 \\ y_0 \end{pmatrix} = -ix_0 \frac{\partial f}{\partial x}\begin{pmatrix} x_0 \\ y_0 \end{pmatrix} + iy_0 \frac{\partial f}{\partial y}\begin{pmatrix} x_0 \\ y_0 \end{pmatrix}$$
すなわち
$$\pi_n(Y) = -ix\frac{\partial}{\partial x} + iy\frac{\partial}{\partial y}$$
である．

$\pi_n(X_+)$ については
$$\exp sX_+ = \begin{pmatrix} 1 & s \\ 0 & 1 \end{pmatrix}$$
だから
$$f\left(\exp(-sX_+)\begin{pmatrix} x_0 \\ y_0 \end{pmatrix}\right) = f\begin{pmatrix} x_0 - sy_0 \\ y_0 \end{pmatrix}$$
であり，合成関数の微分法により
$$\frac{d}{ds} f\begin{pmatrix} x_0 - sy_0 \\ y_0 \end{pmatrix} = -y_0 \frac{\partial f}{\partial x}\begin{pmatrix} x_0 - sy_0 \\ y_0 \end{pmatrix}$$
となる．よって
$$(\pi_n(X_+)f)\begin{pmatrix} x_0 \\ y_0 \end{pmatrix} = -y_0 \frac{\partial f}{\partial x}\begin{pmatrix} x_0 \\ y_0 \end{pmatrix}$$
すなわち
$$\pi_n(X_+) = -y\frac{\partial}{\partial x}$$
である．

$\pi_n(X_-)$ についても同様である． □

$$\pi_n(X_+) x^{n-k} y^k = -y\frac{\partial}{\partial x}(x^{n-k}y^k) = -(n-k) x^{n-k-1} y^{k+1} \qquad (8.3)$$

$$\pi_n(X_-) x^{n-k} y^k = -x\frac{\partial}{\partial y}(x^{n-k}y^k) = -k x^{n-k+1} y^{k-1} \qquad (8.4)$$

であるから，$\pi_n(X_\pm)$ は 8.5 節で考えたウェイト空間 $\boldsymbol{C}x^{n-k}y^k$ ($k=0,\cdots,n$) の隣り合ったものの間の写像を与えていることに注意しよう．特に
$$\pi_n(X_+)y^n = 0, \qquad \pi_n(X_-)x^n = 0$$
である．

ここで(π_n, V_n)の既約性を示しておこう．V_n の中に $SU(2)$-不変な部分空間 $W(\neq \{0\}, V_n)$ があれば，W は $\mathfrak{g} = \mathfrak{su}(2)$ の作用によってもさらにその複素化 $\mathfrak{g}_C = \mathfrak{sl}(2, \boldsymbol{C})$ の作用によっても保たれるので，$\mathfrak{g}_C$-加群としての既約性を示せばよい．

命題 8.8 (π_n, V_n) は $\mathfrak{sl}(2, \boldsymbol{C})$-加群として既約である．

証明 $W \neq \{0\}$ を V_n の $\mathfrak{sl}(2, \boldsymbol{C})$-部分加群とするとき，$W = V_n$ を示せばよい．
$$v = a_0 x^n + a_1 x^{n-1} y + \cdots + a_n y^n \in W$$
とし，係数 $a_0, a_1, \cdots, a_n$ のうちに 0 でないものがあるとする．ある k ($0 \leq k \leq n$) があって，
$$a_0, a_1, \cdots, a_{k-1} = 0, \qquad a_k \neq 0$$
である．(8.3)を繰り返し用いて
$$(\pi_n(X_+))^{n-k} v = (n-k)! \, a_k y^n$$
であるから，$y^n \in W$ であり，さらに任意の m ($0 \leq m \leq n$) に対し，(8.4)を繰り返し用いて
$$(\pi_n(X_-))^{n-m} y^n = n(n-1)\cdots(m+1) x^{n-m} y^m$$
であるから，$x^{n-m}y^m \in W$ ($m=0,1,\cdots,n$) である．$x^{n-m}y^m$ ($m=0,1,\cdots,n$) は V_n の基底だから
$$W = V_n$$
が示された． $\square$

8.8　定理 8.6 の証明

定理 8.6 を証明しよう．(ρ, V) を $\mathfrak{sl}(2, \boldsymbol{C})$ の任意の既約表現とするとき，

それがある (π_n, V_n) と同型であることを示したい．

8.4 節で考えたように (ρ, V) を極大トーラス T に関して

$$V = \bigoplus_{m \in W_\rho} V(m)$$

とウェイト分解する．W_ρ の最大元を ρ の**最高ウェイト**と呼ぼう．（$\rho = \pi_n$ のとき，最高ウェイトは n である．）V の最高ウェイトを n とおき，$V(n)$ の 0 でない元 v_0 を取る．このとき，v_0 を含む V の最小の $\mathfrak{sl}(2, \boldsymbol{C})$-部分加群が V_n と同型であることを示せばよい．

補題 8.9 $v \in V(m)$ のとき，
（ i ） $\rho(X_\pm)v \in V(m \pm 2)$．
（ ii ） $\rho(X_+)\rho(X_-)v - \rho(X_-)\rho(X_+)v = mv$．

証明 （ i ） $\rho(X_+)v \in V(m+2)$ を示そう．
$[Y, X_+] = 2iX_+$ であるから，ρ の準同型性により

$$\rho(Y)\rho(X_+) - \rho(X_+)\rho(Y) = 2i\rho(X_+)$$

よって

$$\rho(Y)\rho(X_+) = \rho(X_+)(\rho(Y) + 2i)$$

となる．これを v に作用させると，(8.2) により $\rho(Y)v = imv$ であるから，

$$\rho(Y)\rho(X_+)v = \rho(X_+)(\rho(Y) + 2i)v = i(m+2)\rho(X_+)v$$

よって再び (8.2) により

$$\rho(X_+)v \in V(m+2)$$

である．$\rho(X_-)v \in V(m-2)$ も同様．

（ ii ） $[X_+, X_-] = X_+ X_- - X_- X_+ = \begin{pmatrix} 0 & 1 \\ 0 & 0 \end{pmatrix}\begin{pmatrix} 0 & 0 \\ 1 & 0 \end{pmatrix} - \begin{pmatrix} 0 & 0 \\ 1 & 0 \end{pmatrix}\begin{pmatrix} 0 & 1 \\ 0 & 0 \end{pmatrix}$

$$= \begin{pmatrix} 1 & 0 \\ 0 & 0 \end{pmatrix} - \begin{pmatrix} 0 & 0 \\ 0 & 1 \end{pmatrix} = \begin{pmatrix} 1 & 0 \\ 0 & -1 \end{pmatrix} = -iY$$

であるから，ρ の準同型性により

$$\rho(X_+)\rho(X_-)v - \rho(X_-)\rho(X_+)v = \rho(-iY)v = mv \qquad \square$$

$$v_1 = \rho(X_-)v_0, \quad v_2 = \rho(X_-)v_1, \quad \cdots, \quad v_k = \rho(X_-)v_{k-1}, \quad \cdots$$

とおく．このとき，
$$\rho(X_+)\rho(X_-)v_k = (k+1)(n-k)v_k \tag{8.5}$$
を示そう．$k=0$ のときは，$\rho(X_+)v_0 = 0$ であるから，補題 8.9(ii) により
$$\rho(X_+)\rho(X_-)v_0 = nv_0$$
で成り立つ．$k=1$ のときは，$v_1 \in V(n-2)$ であるから，補題 8.9(ii) により
$$\rho(X_+)\rho(X_-)v_1 - \rho(X_-)\rho(X_+)v_1 = (n-2)v_1$$
であるが，$\rho(X_-)\rho(X_+)v_1 = \rho(X_-)\rho(X_+)\rho(X_-)v_0 = \rho(X_-)nv_0 = nv_1$ であるから
$$\rho(X_+)\rho(X_-)v_1 = (n-2)v_1 + nv_1 = 2(n-1)v_1$$
となって成り立つ．これを繰り返せば数学的帰納法により (8.5) は証明できる．(問：これを確かめよ．)

n は整数であるが，$n < 0$ とすると (8.5) により
$$v_k \ne 0 \quad \text{ならば} \quad v_{k+1} = \rho(X_-)v_k \ne 0 \tag{8.6}$$
となり，無限個のすべての $v_k \in V(n-2k)$ $(k = 0, 1, 2, \cdots)$ が 0 でなく，これらは 1 次独立なので V の有限次元性に反する．また，$n \geqq 0$ で，$\rho(X_-)v_n \ne 0$ のときも，同じ理由で排除できる．よって
$$n \geqq 0 \text{ かつ } \rho(X_-)v_n = 0$$
である．さらにこのとき，(8.5) により $0 \leqq k \leqq n-1$ に対し (8.6) が成り立つので，$v_0, v_1, \cdots, v_n$ はすべて 0 でないことがわかる．
$$v_1' = -\frac{1}{n}v_1, \quad v_2' = \frac{1}{n(n-1)}v_2, \quad \cdots, \quad v_n' = (-1)^n \frac{1}{n!}v_n$$
とおくと，
$$\rho(X_-)v_k' = -(n-k)v_{k+1}'$$
であり，(8.5) を用いると
$$\rho(X_+)v_{k+1}' = -(k+1)v_k'$$
も得られる．したがって，$v_0', v_1', \cdots, v_n'$ に対し，それぞれ $y^n, xy^{n-1}, \cdots, x^n$ を対応させる $\boldsymbol{C}v_0 \oplus \boldsymbol{C}v_1 \oplus \cdots \oplus \boldsymbol{C}v_n$ から V_n への線形写像を考えると，(8.3), (8.4) と比較することにより，それは $\mathfrak{g}_{\boldsymbol{C}}$-加群としての同型写像である．よって定理 8.6 が証明された．

8.9 $SO(3)$ の既約表現

(ρ, V) を $SO(3)$ の表現とすると，6.2 節で構成した準同型 $f : SU(2) \to SO(3)$ と合成することにより，$SU(2)$ の表現
$$\tilde{\rho} : SU(2) \longrightarrow GL(V)$$
が得られる．(これを表現 ρ の $SU(2)$ への「引き戻し」または「持ち上げ」という．) ρ が既約であれば，$\tilde{\rho}$ も既約であることが容易に示せる．したがって，定理 8.6 により $\tilde{\rho}$ はある π_n と同型であるが，f の kernel が $SU(2)$ の中心すなわち $\{\pm I_2\}$ であるから，$\tilde{\rho}(-I_2)$ は恒等写像である．一方，
$$\pi_n(-I_2) x^{n-k} y^k = (-1)^n x^{n-k} y^k$$
であるから n は偶数でなければならない．

7.3 節で定義した
$$H = \left\{ h_\varphi = \begin{pmatrix} \cos \varphi & -\sin \varphi & 0 \\ \sin \varphi & \cos \varphi & 0 \\ 0 & 0 & 1 \end{pmatrix} \middle| \varphi \in \mathbf{R} \right\}$$
は $SO(3)$ の極大トーラスであるが，$T' = f^{-1}(H)$ も $SU(2)$ の極大トーラスであることがわかり，$f|_{T'} : T' \to H$ は 2 重被覆写像である．したがって，$T' \cong U(1)$ と見做すとき，$f|_{T'}$ は
$$e^{i\theta} \longmapsto h_{2\theta}$$
で与えられる．

第 7 章で定義した $2n+1$ 次元の $SO(3)$-加群 U_n を考えよう．f を合成することにより，U_n は $SU(2)$-加群とも見做せるが，U_n の H に関する最高ウェイトは
$$h_\varphi \longmapsto e^{in\varphi}$$
であったので，これを $T' \subset SU(2)$ に引き戻すと
$$e^{i\theta} \longmapsto e^{2in\theta}$$
となり，ウェイトは $2n$ である．よって $U_{n,n}$ で生成される U_n の $SO(3)$-部分加群を f によって引き戻して $SU(2)$-加群と見做したものは $2n+1$ 次元(すなわち U_n と一致)でそれは V_{2n} と同型であることがわかった．

以上によって，定理 8.6 の系として次のことが示された．

系 8.10 （ⅰ） $SO(3)$-加群 U_n は既約である．

（ⅱ） 既約 $SO(3)$-加群はすべてある U_n と同型である．

注意 8.11 このように $SU(2), SO(3)$ の既約表現は非常に簡単な構造を持っている．その他のコンパクトリー群の既約表現についても最高ウェイトの理論や指標公式がよく知られているが，数学的にはかなりレベルの高い内容だと思う．$SU(3)$ ぐらいで計算してみると，そのおもしろさがわかると思うのだが，筆者の専門からは少し外れるので本書では取り上げないことにしたい．

第9章

$GL(2,\boldsymbol{R})$ と $SL(2,\boldsymbol{R})$ の構造

これまでコンパクトリー群にこだわってきたが，ノンコンパクトリー群の方が自然に現われ，ある種の構造に関しては，コンパクト群より初等的であることもある．

9.1 $GL(2,\boldsymbol{R})$ と $SL(2,\boldsymbol{R})$

実2次**一般線形群**(general linear group)
$$GL(2,\boldsymbol{R}) = \left\{ \begin{pmatrix} a & b \\ c & d \end{pmatrix} \middle| a,b,c,d \in \boldsymbol{R}, \ ad-bc \neq 0 \right\}$$
は $\boldsymbol{R}^2$ 上の線形変換のなす群であり，線形代数で出てくる最も基本的なリー群である．容易に $GL(2,\boldsymbol{R})$ はコンパクトでないことが示せる．

$GL(2,\boldsymbol{R})$ のリー環 $\mathfrak{gl}(2,\boldsymbol{R})$ は 2×2 実行列全体のなすリー環であり，指数写像 $\exp\colon \mathfrak{gl}(2,\boldsymbol{R}) \to GL(2,\boldsymbol{R})$ が
$$\exp X = I_2 + X + \frac{1}{2!}X^2 + \frac{1}{3!}X^3 + \cdots + \frac{1}{n!}X^n + \cdots$$
で定義される．付録1で，さまざまな例について1径数部分群 $t \mapsto \exp tX$ の計算を紹介したので，参考にしていただきたい．

$$\mathfrak{c} = \{ Y \in \mathfrak{gl}(2,\boldsymbol{R}) \mid [Y,X] = 0 \ \text{for all}\ X \in \mathfrak{gl}(2,\boldsymbol{R}) \}$$
$$= \left\{ \begin{pmatrix} k & 0 \\ 0 & k \end{pmatrix} \middle| k \in \boldsymbol{R} \right\}$$

($\mathfrak{gl}(2,\boldsymbol{R})$ の中心) とおき，

$$\mathfrak{sl}(2,\boldsymbol{R}) = \{ X \in \mathfrak{gl}(2,\boldsymbol{R}) \mid \mathrm{tr}(X) = 0 \} = \left\{ \begin{pmatrix} a & b \\ c & -a \end{pmatrix} \middle| a,b,c \in \boldsymbol{R} \right\}$$

とおくと $\mathfrak{gl}(2,\boldsymbol{R})$ は
$$\mathfrak{gl}(2,\boldsymbol{R}) = \mathfrak{c} \oplus \mathfrak{sl}(2,\boldsymbol{R})$$
と直和分解される．(「リー環として」の直和 $\mathfrak{g} = \mathfrak{g}_1 \boxminus \mathfrak{g}_2$ というときには，ベクトル空間としての直和であるとともに，直和成分 $\mathfrak{g}_1, \mathfrak{g}_2$ が $\mathfrak{g}$ のイデアルすなわち $X \in \mathfrak{g}$, $Y \in \mathfrak{g}_j \Rightarrow [X,Y] \in \mathfrak{g}_j$ であることも意味している．)

実 2 次**特殊線形群**(special linear group)を
$$SL(2,\boldsymbol{R}) = \{g \in GL(2,\boldsymbol{R}) \mid \det g = 1\} = \left\{ \begin{pmatrix} a & b \\ c & d \end{pmatrix} \middle| ad - bc = 1 \right\}$$
で定義すると，2.2 節で $SU(2)$ について示したのと同様にして，そのリー環は $\mathfrak{sl}(2,\boldsymbol{R})$ であることがわかる．また，$GL(2,\boldsymbol{R})$ の中心は
$$C = \{h \in GL(2,\boldsymbol{R}) \mid hg = gh \text{ for all } g \in GL(2,\boldsymbol{R})\}$$
$$= \left\{ \begin{pmatrix} k & 0 \\ 0 & k \end{pmatrix} \middle| k \in \boldsymbol{R} - \{0\} \right\}$$
である．C と $SL(2,\boldsymbol{R})$ は $GL(2,\boldsymbol{R})$ の正規部分群であり，$GL(2,\boldsymbol{R})$ の任意の元は C の元と $SL(2,\boldsymbol{R})$ の元の積で表わせるが，
$$C \cap SL(2,\boldsymbol{R}) = \{\pm I_2\}$$
であることに注意しよう．

$\mathfrak{sl}(2,\boldsymbol{R})$ は可換でなく，$\{0\}$ とそれ自身以外のイデアルを含まないので，単純リー環(6.1 節の定義)である．よって $SL(2,\boldsymbol{R})$ は単純リー群である(これも 6.1 節の定義)．

9.2　$GL(2,\boldsymbol{R})$ の極大コンパクト部分群 $O(2)$

2 次直交群
$$O(2) = \{g \in GL(2,\boldsymbol{R}) \mid {}^t\!gg = I_2\} = SO(2) \sqcup SO(2)\begin{pmatrix} 1 & 0 \\ 0 & -1 \end{pmatrix}$$
(1.2 節参照)は $GL(2,\boldsymbol{R})$ のコンパクト部分群であるが，

「$O(2)$ を含む $GL(2,\boldsymbol{R})$ のコンパクト部分群は $O(2)$ だけである」　　(9.1)

ことが示せるので，$O(2)$ は $GL(2,\boldsymbol{R})$ の**極大コンパクト部分群**(maximal compact subgroup)であると言える．

注意 9.1 $GL(2,\boldsymbol{R})$ における $O(2)$ の任意の共役部分群 $gO(2)g^{-1}$ ($g \in GL(2,\boldsymbol{R})$) は $GL(2,\boldsymbol{R})$ の極大コンパクト部分群であり，逆に任意の $GL(2,\boldsymbol{R})$ の極大コンパクト部分群は $O(2)$ に共役であることが示せる．

9.3　$GL(2,\boldsymbol{R})$ のカルタン分解

$K = O(2)$ のリー環は交代行列の空間
$$\mathfrak{k} = \mathfrak{so}(2) = \{X \in \mathfrak{gl}(2,\boldsymbol{R}) \mid {}^tX = -X\} = \left\{\begin{pmatrix} 0 & -t \\ t & 0 \end{pmatrix} \middle| t \in \boldsymbol{R}\right\}$$
であるが，これに対して，実対称行列の空間
$$\mathfrak{m} = \{X \in \mathfrak{gl}(2,\boldsymbol{R}) \mid {}^tX = X\} = \left\{\begin{pmatrix} a & b \\ b & c \end{pmatrix} \middle| a,b,c \in \boldsymbol{R}\right\}$$
を考えると，$\mathfrak{m}$ は括弧積 $[\ ,\ ]$ に関して閉じていないので，リー環ではないが，ベクトル空間としての直和分解
$$\mathfrak{g} = \mathfrak{k} \oplus \mathfrak{m}$$
は成り立つ．正定値実 2 次対称行列の集合を M で表わそう．M はその 2 つの固有値がともに正である対称行列の集合であるが，
$$M = \left\{\begin{pmatrix} a & b \\ b & c \end{pmatrix} \in \mathfrak{m} \,\middle|\, ac - b^2 > 0,\ a > 0\right\}$$
と書けることもよく知られている．

命題 9.2　$\exp : \mathfrak{m} \to M$ は実解析的微分同相である．

証明　実対称行列は直交行列によって対角化できるので，$g \in M$ の固有値を λ, μ ($\lambda \geqq \mu > 0$) とすると，ある $k \in O(2)$ が存在して
$$kgk^{-1} = \begin{pmatrix} \lambda & 0 \\ 0 & \mu \end{pmatrix}$$

となる．
$$X = k^{-1}\begin{pmatrix} \log \lambda & 0 \\ 0 & \log \mu \end{pmatrix}k$$
とおけば，
$$\exp X = k^{-1}\begin{pmatrix} \lambda & 0 \\ 0 & \mu \end{pmatrix}k = g$$
となる．よって $\exp : \mathfrak{m} \to M$ は全射である．

次に，$X, Y \in \mathfrak{m}$ が $\exp X = \exp Y$ を満たすとする．$O(2)$ の作用
$$X \longmapsto kXk^{-1} \qquad (k \in O(2))$$
により，
$$X = \begin{pmatrix} a & 0 \\ 0 & b \end{pmatrix} \qquad (a \geq b)$$
と仮定してよい．$\exp X$ の固有値は e^a, e^b だから Y の固有値は a, b であるので，ある $k \in O(2)$ が存在して
$$Y = kXk^{-1}$$
と書ける．
$$\exp Y = k(\exp X)k^{-1} = k\begin{pmatrix} e^a & 0 \\ 0 & e^b \end{pmatrix}k^{-1}, \quad \exp X = \begin{pmatrix} e^a & 0 \\ 0 & e^b \end{pmatrix}$$
であるから，$a \neq b$ のとき $k = \pm I_2$ となって $Y = kXk^{-1} = X$ であり，また $a = b$ のときは $X \in \mathfrak{c}$ だから $Y = kXk^{-1} = X$ となる．よって $\exp : \mathfrak{m} \to M$ は単射である．

最後に，$\exp : \mathfrak{m} \to M$ が $\mathfrak{m}$ の各点 X で regular であることを示そう．すなわち X と $\exp X$ における接空間の間の $\exp$ の微分と呼ばれる線形写像 $\exp_*$ が全単射であることを示せばよい．（これが成り立てば，$\exp$ が実解析的写像であるので，「逆写像定理」により逆写像が実解析的であることがわかる．）

$O(2)$ の作用により X は
$$X = \begin{pmatrix} a & 0 \\ 0 & b \end{pmatrix}$$
と仮定してよい．いくつかの X を通る曲線について $\exp$ による像を調べる．曲線

の像は

$$t \longmapsto \begin{pmatrix} a+t & 0 \\ 0 & b \end{pmatrix}$$

の像は

$$t \longmapsto \begin{pmatrix} e^{a+t} & 0 \\ 0 & e^b \end{pmatrix}$$

だから，これを $t=0$ で微分して

$$\exp_* : \begin{pmatrix} 1 & 0 \\ 0 & 0 \end{pmatrix} \longmapsto \begin{pmatrix} e^a & 0 \\ 0 & 0 \end{pmatrix} \tag{9.2}$$

であることがわかる．同様にして曲線

$$t \longmapsto \begin{pmatrix} a & 0 \\ 0 & b+t \end{pmatrix}$$

を考えて

$$\exp_* : \begin{pmatrix} 0 & 0 \\ 0 & 1 \end{pmatrix} \longmapsto \begin{pmatrix} 0 & 0 \\ 0 & e^b \end{pmatrix} \tag{9.3}$$

であることもわかる．

次に

$$k(t) = \begin{pmatrix} \cos t & -\sin t \\ \sin t & \cos t \end{pmatrix}$$

とおいて，曲線

$$t \longmapsto k(t) X k(t)^{-1} \in \mathfrak{m}$$

を考えよう．

$$\begin{aligned} k(t) X k(t)^{-1} &= \begin{pmatrix} \cos t & -\sin t \\ \sin t & \cos t \end{pmatrix} \begin{pmatrix} a & 0 \\ 0 & b \end{pmatrix} \begin{pmatrix} \cos t & \sin t \\ -\sin t & \cos t \end{pmatrix} \\ &= \begin{pmatrix} a\cos^2 t + b\sin^2 t & (a-b)\cos t \sin t \\ (a-b)\cos t \sin t & a\sin^2 t + b\cos^2 t \end{pmatrix} \end{aligned}$$

だから，これを微分してこの曲線の $t=0$ での接ベクトルは

$$\begin{pmatrix} 0 & a-b \\ a-b & 0 \end{pmatrix}$$

であることがわかる．a, b をそれぞれ e^a, e^b に置きかえることによって exp によるこの曲線の像の $t=0$ での接ベクトルは

$$\begin{pmatrix} 0 & e^a - e^b \\ e^a - e^b & 0 \end{pmatrix}$$

であることもわかる．よって，

$$\exp_* : \begin{pmatrix} 0 & a-b \\ a-b & 0 \end{pmatrix} \longmapsto \begin{pmatrix} 0 & e^a - e^b \\ e^a - e^b & 0 \end{pmatrix} \tag{9.4}$$

が示された．$a \neq b$ のとき，(9.2), (9.3), (9.4) により，線形写像

$$\exp_* : \mathfrak{m} \longrightarrow \mathfrak{m}$$

は全単射であることがわかる．$a = b$ のときは $X \in \mathfrak{c}$ であるから，任意の $Y \in \mathfrak{m}$ に対し

$$\exp(X + Y) = \exp X \exp Y$$

となり，$\exp$ が 0 の近傍で微分同相であることにより，$\exp_*$ が X で全単射であることがわかる． □

定理 9.3 ($GL(2, \mathbf{R})$ のカルタン分解 (Cartan decomposition))
(ⅰ) $K \times \mathfrak{m} \ni (k, X) \mapsto k \exp X \in G$ は実解析的微分同相である．
(ⅱ) $K \times \mathfrak{m} \ni (k, X) \mapsto (\exp X) k \in G$ は実解析的微分同相である．

証明 (ⅰ) $g \in G$ に対し，対称行列 ${}^t g g$ を考える．任意の 0 でないベクトル $v \in \mathbf{R}^2$ に対し，$gv = u$ とおくと

$${}^t v \, {}^t g g v = {}^t (gv) gv = {}^t u u > 0$$

すなわち ${}^t g g$ は正定値である．よって，命題 9.2 により

$$\exp 2X = {}^t g g$$

を満たす $X \in \mathfrak{m}$ が存在する．$k = g \exp(-X)$ とおくと，

$${}^t k k = \exp(-X) \, {}^t g g \exp(-X) = \exp(-X) \exp 2X \exp(-X) = e$$

となるので，$k \in O(2)$ である．よって

$$g = k \exp X$$

となる $(k, X) \in K \times \mathfrak{m}$ の存在が示された．命題 9.2 により，写像

$$g \longmapsto {}^t g g \longmapsto X$$

は実解析的であるので，$g \mapsto k = g \exp(-X)$ も実解析的であり，逆写像

$$g \longmapsto (k, X)$$

の実解析性が示された．

(ii)も(i)と同様に証明できる．あるいは $g \mapsto g^{-1}$ が実解析的微分同相であることを用いてもよい． □

問 9.1 定理 9.3 を用いて (9.1) を証明せよ．

定理 9.3 を $SL(2, \boldsymbol{R})$ に制限すれば，次の系が得られる．

系 9.4 ($SL(2, \boldsymbol{R})$ のカルタン分解)

(i) $SO(2) \times (\mathfrak{m} \cap \mathfrak{sl}(2, \boldsymbol{R})) \ni (k, X) \mapsto k \exp X \in SL(2, \boldsymbol{R})$ は実解析的微分同相である．

(ii) $SO(2) \times (\mathfrak{m} \cap \mathfrak{sl}(2, \boldsymbol{R})) \ni (k, X) \mapsto (\exp X) k \in SL(2, \boldsymbol{R})$ は実解析的微分同相である．

注意 9.5 $GL(n, \boldsymbol{R}), SL(n, \boldsymbol{R})$ についても同じことが初等的に証明できる．ここで述べた極大コンパクト部分群に関する事柄とカルタン分解は，さらに一般に任意のノンコンパクト実単純リー群について成り立つことが知られている．

問 9.2 $G = GL(2, \boldsymbol{C}), \ K = U(2),$
$\mathfrak{m} = \{X \text{ は } 2 \times 2 \text{ 複素行列} \mid {}^t\bar{X} = X\} = \{2 \text{ 次エルミート行列}\}$
のとき，
$$K \times \mathfrak{m} \ni (k, X) \longmapsto k \exp X \in G$$
および
$$K \times \mathfrak{m} \ni (k, X) \longmapsto (\exp X) k \in G$$
は実解析的微分同相であることを証明せよ．

9.4 非ユークリッド幾何への応用

複素平面の**上半平面** $H = \{z \in \boldsymbol{C} \mid \operatorname{Im} z > 0\}$ に $G = SL(2, \boldsymbol{R})$ が1次分数変換

$$\begin{pmatrix} a & b \\ c & d \end{pmatrix} \cdot z = \frac{az+b}{cz+d}$$

によって作用する．任意の $x+iy \in H$ ($x, y \in \boldsymbol{R}$, $y > 0$) に対し，

$$\begin{pmatrix} \sqrt{y} & x/\sqrt{y} \\ 0 & 1/\sqrt{y} \end{pmatrix} \cdot i = \frac{\sqrt{y}\, i + (x/\sqrt{y})}{1/\sqrt{y}} = x+iy$$

であるので，H は $SL(2, \boldsymbol{R})$ の等質空間(7.2節)である．i における等方部分群 G_i を求めよう．

$$\frac{ai+b}{ci+d} = i$$

を解いて

$$ai+b = i(ci+d)$$
$$\therefore \quad a = d, \quad b = -c$$

$ad - bc = a^2 + b^2 = 1$ だから，

$$\begin{pmatrix} a & b \\ c & d \end{pmatrix} = \begin{pmatrix} a & b \\ -b & a \end{pmatrix} \in SO(2)$$

逆に，$g \in SO(2)$ が $g \cdot i = i$ を満たすことは明らかである．よって $G_i = SO(2)$ であり，定理7.3により

$$H = SL(2, \boldsymbol{R})/SO(2)$$

と表わせる．

系9.4(ii)により

$$\boldsymbol{R}^2 \ni (a, b) \longmapsto \exp \begin{pmatrix} a & b \\ b & -a \end{pmatrix} \cdot i \in H$$

は実解析的微分同相である．$a^2 + b^2 = 1$ として，H 内の曲線

$$C : \exp t \begin{pmatrix} a & b \\ b & -a \end{pmatrix} \cdot i \quad (t \in \boldsymbol{R}) \tag{9.5}$$

を調べよう．（これは H 上の G-不変リーマン計量に関する i を通る「測地線」であることを後ほど示す．）$a = \cos 2\theta$, $b = \sin 2\theta$ とおくと

$$X = \begin{pmatrix} a & b \\ b & -a \end{pmatrix}$$

の固有値は ± 1 で固有ベクトルは

$$k\begin{pmatrix} \cos\theta \\ \sin\theta \end{pmatrix}, \quad \ell\begin{pmatrix} -\sin\theta \\ \cos\theta \end{pmatrix} \quad (k, \ell \in \boldsymbol{C})$$

であるので,

$$\begin{pmatrix} a & b \\ b & -a \end{pmatrix} = \begin{pmatrix} \cos\theta & -\sin\theta \\ \sin\theta & \cos\theta \end{pmatrix}\begin{pmatrix} 1 & 0 \\ 0 & -1 \end{pmatrix}\begin{pmatrix} \cos\theta & \sin\theta \\ -\sin\theta & \cos\theta \end{pmatrix}$$

と表わせ, よって

$$\begin{aligned}
\exp t &\begin{pmatrix} a & b \\ b & -a \end{pmatrix} \cdot i \\
&= \begin{pmatrix} \cos\theta & -\sin\theta \\ \sin\theta & \cos\theta \end{pmatrix}\begin{pmatrix} e^t & 0 \\ 0 & e^{-t} \end{pmatrix}\begin{pmatrix} \cos\theta & \sin\theta \\ -\sin\theta & \cos\theta \end{pmatrix} \cdot i \\
&= \begin{pmatrix} \cos\theta & -\sin\theta \\ \sin\theta & \cos\theta \end{pmatrix}\begin{pmatrix} e^t & 0 \\ 0 & e^{-t} \end{pmatrix} \cdot i \\
&= \begin{pmatrix} \cos\theta & -\sin\theta \\ \sin\theta & \cos\theta \end{pmatrix} \cdot e^{2t} i \\
&= \frac{(e^{2t}\cos\theta)\,i - \sin\theta}{(e^{2t}\sin\theta)\,i + \cos\theta}
\end{aligned} \tag{9.6}$$

である. 1次分数変換の一般論により

$$z \longmapsto \begin{pmatrix} \cos\theta & -\sin\theta \\ \sin\theta & \cos\theta \end{pmatrix} \cdot z$$

は円(または直線)を円(または直線)に移す等角写像であり, 行列成分が実数であるので実軸を実軸に移すので, 半直線 $L = \{e^{2t}i \mid t \in \boldsymbol{R}\}$ を実軸に直交する半円または半直線に移すことがわかる.

$$\lim_{t \to \infty} \frac{(e^{2t}\cos\theta)\,i - \sin\theta}{(e^{2t}\sin\theta)\,i + \cos\theta} = \cot\theta$$

$$\lim_{t \to -\infty} \frac{(e^{2t}\cos\theta)\,i - \sin\theta}{(e^{2t}\sin\theta)\,i + \cos\theta} = -\tan\theta$$

であるので, $\theta \notin (\pi/2)\boldsymbol{Z}$ のとき, C は $-\tan\theta$ と $\cot\theta$ を結ぶ線分を直径とする図9.1の半円であり, $\theta \in (\pi/2)\boldsymbol{Z}$ のときは $C = L$ である. (もちろん, (9.6)が半円または L を表わすことを直接計算で示すことも可能である. 各自

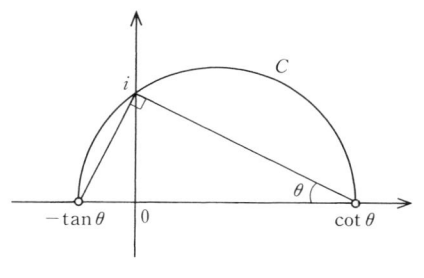

9.4 非ユークリッド幾何への応用

図9.1

試みよ．)

$\begin{pmatrix} a & b \\ c & d \end{pmatrix} \in SL(2, \boldsymbol{R})$ に関する1次分数変換

$$z \longmapsto \frac{az+b}{cz+d}$$

による $z, z' \in H$ の像を w, w' とする．$a, b, c, d \in \boldsymbol{R}$ だから $\bar{z}, \bar{z'}$ の像は $\bar{w}, \bar{w'}$ である．1次分数変換は**複比**(cross ratio)を不変にすることが知られているので

$$\frac{(w-w')(\bar{w}-\bar{w'})}{(w-\bar{w})(w'-\bar{w'})} = \frac{(z-z')(\bar{z}-\bar{z'})}{(z-\bar{z})(z'-\bar{z'})}$$

が成り立つ．よって

$$\frac{|z-z'|^2}{\operatorname{Im} z \operatorname{Im} z'}$$

は1次分数変換によって不変であり，さらに $z' \to z$ の極限を考えて，計量(リーマン計量)

$$ds^2 = \frac{|dz|^2}{y^2} = \frac{dx^2 + dy^2}{y^2}$$

が G の作用によって不変であることがわかる．この計量による曲線 $C: z(t) = x(t) + iy(t)$ $(a \leq t \leq b)$ の長さが

$$\ell(C) = \int_a^b \frac{\sqrt{x'(t)^2 + y'(t)^2}}{y(t)} dt$$

によって定義できる．2点を結ぶ曲線のうちでこの「長さ」を最小にする曲線は**測地線**(geodesic)と呼ばれる．

i と H 上の任意の点 z を結ぶ測地線が(9.5)の形であることを証明しておこ

う．系9.4(ii)により
$$\exp T\begin{pmatrix} a & b \\ b & -a \end{pmatrix} \cdot i = z$$
を満たす $T, a, b \in \mathbf{R}$ ($a^2+b^2=1$, $T>0$) が存在する．$a=\cos 2\theta$, $b=\sin 2\theta$,
$$k = \begin{pmatrix} \cos\theta & -\sin\theta \\ \sin\theta & \cos\theta \end{pmatrix}$$
とおくと，(9.6)により
$$k \cdot z = e^{2T}i, \quad k \cdot i = i$$
である．k による1次分数変換は計量 ds を不変にするので測地線を測地線に移すことがわかる．したがって，i と $e^{2T}i$ を結ぶ線分 L が測地線であることを証明すればよい．i と $e^{2T}i$ を結ぶ任意の曲線を $C: x(t)+iy(t)$ ($a \leq t \leq b$) とする．
$$\ell(C) = \int_a^b \frac{\sqrt{x'(t)^2+y'(t)^2}}{y(t)} dt \geq \int_a^b \frac{y'(t)}{y(t)} dt$$
$$= \Big[\log y(t)\Big]_a^b = \log e^{2T} - \log 1 = 2T$$
であり，等号が成り立つのは，すべての $t \in [a,b]$ に対し $x(t)=0$ かつ $y'(t) \geq 0$ のとき，すなわち $C=L$ のときである．よって L は測地線である．

注意 9.6 ユークリッド幾何における第5公準(平行線公理)というのは，「直線 ℓ に含まれない点を通る直線で ℓ と交わらないもの(このような直線は ℓ に平行であるという)がただ1つ存在する」というものであった．

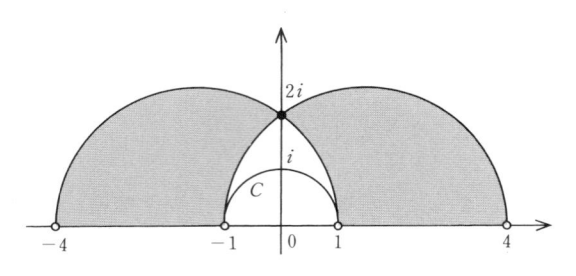

図 9.2

しかし，H 上の幾何では第 5 公準は成り立たない．なぜならば，図 9.2 のように 1 つの測地線
$$C : x^2 + y^2 = 1, \quad y > 0$$
と点 $2i$ を考えると，$2i$ を通り，図示した領域に含まれる測地線はすべて C と交わらないからである．このような，幾何学は**双曲幾何学**(hyperbolic geometry)またはロバチェフスキー(Lobačevskiĭ)の非ユークリッド幾何学と呼ばれる．

第10章

旗多様体上の軌道分解

 最終章の話題として，$GL(n, \mathbf{R})$ の等質空間として基本的な旗多様体(flag manifold)の軌道分解について具体的に考察してみよう．これまでに出てきたさまざまな例や概念との関連が明らかになるであろう．

10.1　$GL(n, \mathbf{R})$ の放物型部分群

 $G = GL(n, \mathbf{R})$ に含まれる上三角行列
$$\begin{pmatrix} a_{11} & a_{12} & \cdots & a_{1n} \\ 0 & a_{22} & \cdots & a_{2n} \\ \vdots & \ddots & \ddots & \vdots \\ 0 & \cdots & 0 & a_{nn} \end{pmatrix} \quad (a_{jk} \in \mathbf{R}, \ a_{11} \cdots a_{nn} \neq 0)$$
の集合 P は G のリー部分群をなすが，P に共役な G のリー部分群はすべて G の**極小放物型部分群**(minimal parabolic subgroup)と呼ばれる．

 注意 10.1　任意の体[1] K についても $G = GL(n, K)$ およびその「極小放物型部分群」P が同様に定義できるが，このような「代数群」G (特に K が複素数体などの代数的閉体の場合)に関するときは P はふつう**ボレル部分群**(Borel subgroup)と呼ばれる．

 極小放物型部分群を含む G の部分群は**放物型部分群**(parabolic subgroup)と呼ばれる．

---

 1) 大まかに言えば，加減乗除が定義される集合のことである．有理数体 $\mathbf{Q}$，実数体 $\mathbf{R}$，複素数体 $\mathbf{Z}$，素数 p の剰余類体 $\mathbf{Z}_p = \mathbf{Z}/p\mathbf{Z}$ などが代表的である．

10.2　$n=2$ のとき

$n=2$ のとき，
$$P = \left\{ \begin{pmatrix} a & b \\ 0 & c \end{pmatrix} \middle| a, b, c \in \mathbf{R},\ ac \neq 0 \right\}$$
は $G = GL(2, \mathbf{R})$ の極小放物型部分群であるが，
$$\begin{pmatrix} a & b \\ c & d \end{pmatrix} \begin{pmatrix} 1 \\ 0 \end{pmatrix} = \begin{pmatrix} a \\ c \end{pmatrix}$$
であるので，G の部分群 P は x 軸を x 軸に移す元の集合と特徴付けられる．すなわち x 軸 $= \ell_0$ とおくとき
$$P = \{g \in G \mid g\ell_0 = \ell_0\}$$
である．

原点を通る任意の直線 ℓ に対し，
$$P_\ell = \{g \in G \mid g\ell = \ell\}$$
とおくと，P_ℓ も G の極小放物型部分群である．なぜならば，$\ell = h\ell_0$ となる $h \in G$ が取れて，
$$P_\ell = hPh^{-1}$$
が容易に示せるからである．逆に，任意の極小放物型部分群 $Q = hPh^{-1}$ ($h \in G$) に対し，$h\ell_0 = \ell$ とおけば，$Q = P_\ell$ であることも明らかである．

問 10.1　$\ell = y$ 軸のとき，P_ℓ は G のどのような部分群か．

$\mathbf{R}^2$ の原点を通る直線の集合[2]は1次元実射影空間と呼ばれ，記号 $P^1(\mathbf{R})$ で表わされる．$G = GL(2, \mathbf{R})$ の元は原点を通る直線を原点を通る直線に移すので，G は $P^1(\mathbf{R})$ に（左から）作用することがわかる（第7章参照）．$P^1(\mathbf{R})$ は G の等質空間であり，G の ℓ_0 における等方部分群は P であるので，定理 7.3

---

[2]　直線がこの集合の元であることに注意する．原点を中心とする半径1の円 S^1 と原点を通る直線は原点対称な2点で交わるので，S^1 から $P^1(\mathbf{R})$ への自然な2重被覆写像が存在する．$P^1(\mathbf{R})$ が S^1 と同相であることは，1つの輪ゴムを2重にして半径を半分にしてみればわかるであろう．

により
$$P^1(\boldsymbol{R}) \cong G/P$$
と表わせる．

$P^1(\boldsymbol{R})$ 上の P-軌道を考えよう．x 軸は P の作用で不変なので「1 点」からなる軌道であるが，原点を通る x 軸以外の直線は
$$\boldsymbol{R}\begin{pmatrix} k \\ 1 \end{pmatrix} \quad (k \in \boldsymbol{R})$$
と書け，
$$\begin{pmatrix} 1 & k \\ 0 & 1 \end{pmatrix} \boldsymbol{R} \begin{pmatrix} 0 \\ 1 \end{pmatrix} = \boldsymbol{R} \begin{pmatrix} k \\ 1 \end{pmatrix}$$
であるので，すべて単一の P-軌道
$$P\ell_1 \quad \left(\ell_1 = \boldsymbol{R}\begin{pmatrix} 0 \\ 1 \end{pmatrix} = y\text{ 軸}\right)$$
に含まれる．よって $P^1(\boldsymbol{R})$ 上の P-軌道は 2 個であり，G/P の P-軌道分解は両側剰余類分解と自然に同一視できるので
$$G = P \sqcup PwP \tag{10.1}$$
という両側剰余類分解が成り立つ．ただし
$$w = \begin{pmatrix} 0 & 1 \\ 1 & 0 \end{pmatrix}$$
とおいた．w は第 2 章で用いた置換行列であり，$w\ell_0 = \ell_1$ を満たす．

Q が P を含む G の部分群であるとしよう．このとき，一般に Q は P-両側剰余類の和集合であるので，(10.1) により
$$Q = P \quad \text{または} \quad Q = G$$
である．したがって $GL(2, \boldsymbol{R})$ の放物型部分群は極小放物型部分群または G である．

10.3　リーマン球面

$n = 2$ の場合は次のように複素数体で考える方が重要で，いろいろな分野に関連している．$\boldsymbol{C}^2$ の複素 1 次元部分空間の集合 $P^1(\boldsymbol{C})$ は 1 次元複素射影空

間と呼ばれる．写像
$$P^1(\boldsymbol{C}) \ni \boldsymbol{C}\begin{pmatrix} z \\ w \end{pmatrix} \longmapsto \frac{z}{w} \in \boldsymbol{C} \sqcup \{\infty\}$$
によって，$P^1(\boldsymbol{C})$ は $\boldsymbol{C} \sqcup \{\infty\}$ と 1 対 1 に対応し，2 次元球面 S^2 と位相同型であるのでリーマン球面(Riemann sphere)とも呼ばれる．$G = GL(2, \boldsymbol{C})$ は
$$\begin{pmatrix} a & b \\ c & d \end{pmatrix} \boldsymbol{C} \begin{pmatrix} z \\ w \end{pmatrix} = \boldsymbol{C} \begin{pmatrix} az+bw \\ cz+dw \end{pmatrix}$$
によって $P^1(\boldsymbol{C})$ に作用するが，
$$\frac{az+bw}{cz+dw} = \frac{a(z/w)+b}{c(z/w)+d}$$
であるので，$P^1(\boldsymbol{C}) \cong \boldsymbol{C} \sqcup \{\infty\}$ と見做すときの G の作用は
$$\begin{pmatrix} a & b \\ c & d \end{pmatrix} \cdot z = \frac{az+b}{cz+d}$$
と書ける．これは **1 次分数変換**と呼ばれている．

注意 10.2　(i)　$P^1(\boldsymbol{C})$ 上の $G = GL(2, \boldsymbol{C})$ の作用を $L = SL(2, \boldsymbol{R})$ に制限すると，$P^1(\boldsymbol{C})$ は次の 3 つの L-軌道に分解される．
$$H_+ = \{z \in \boldsymbol{C} \mid \mathrm{Im}\, z > 0\}, \quad H_- = \{z \in \boldsymbol{C} \mid \mathrm{Im}\, z < 0\},$$
$$P^1(\boldsymbol{R}) = \boldsymbol{R} \sqcup \{\infty\}$$
9.4 節では $H = H_+ \cong SL(2, \boldsymbol{R})/SO(2)$ について考察したのであった．

(ii)　$SU(2)$ に制限することもできるが，$P^1(\boldsymbol{C})$ 上の $SU(2)$-軌道は 1 つだけであることがわかる(**問**：これを証明せよ)．すなわち，$P^1(\boldsymbol{C})$ は $SU(2)$ の等質空間である．$SU(2)$ の中心 $Z = \{\pm I_2\}$ は $P^1(\boldsymbol{C})$ に自明に作用するので，$SO(3) \cong SU(2)/Z$ (6.2 節)が $P^1(\boldsymbol{C})$ に作用する．この作用は第 7 章で考察した $SO(3)$ の S^2 への作用と同じである．

10.4　$n = 3$ のとき

$n = 3$ のとき，

$$P = \left\{ \begin{pmatrix} a_{11} & a_{12} & a_{13} \\ 0 & a_{22} & a_{23} \\ 0 & 0 & a_{33} \end{pmatrix} \middle| a_{jk} \in \mathbf{R}, \ a_{11}a_{22}a_{33} \neq 0 \right\}$$

は $G = GL(3, \mathbf{R})$ の極小放物型部分群であるが，P は x 軸を x 軸に移し，xy 平面を xy 平面に移す $\mathbf{R}^3$ の 1 次変換の集合である．一般に $\mathbf{R}^3$ において，原点を通る直線 ℓ と ℓ を含む平面 p の組を**旗**(flag)と呼ぶ．図 10.1 のように原点に立てた「旗」を想像すればよい．$\mathbf{R}^3$ におけるすべての旗の集合

$$M = \{(\ell, p)\}$$

に自然に多様体の構造（局所座標系）を入れたものを**旗多様体**(flag manifold)と呼ぶ．$\ell_0 = x$ 軸，$p_0 = xy$ 平面，$m_0 = (\ell_0, p_0) \in M$ とおく．

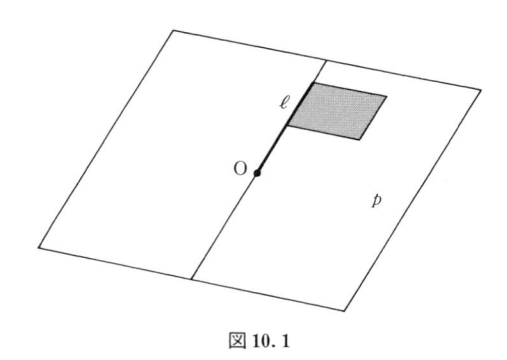

図 10.1

旗多様体 M は $SO(3)$ の等質空間である．なぜならば，任意の $(\ell, p) \in M$ に対し，ℓ_0 を ℓ に移す（ℓ_0 と ℓ に垂直な直線を軸とする）回転 $g_1 \in SO(3)$ が存在し，ℓ を軸とする回転 $g_2 \in SO(3)$ によって $g_1 p_0$ を p に移すことができるので，

$$g_2 g_1 (\ell_0, p_0) = g_2 (\ell, g_1 p_0) = (\ell, p)$$

となるからである．$G = GL(3, \mathbf{R})$ は M に自然に作用し，$SO(3)$ を含むので，M は G の等質空間である．$m_0 \in M$ における等方部分群は極小放物型部分群 P である．したがって，定理 7.3 により

$$M \cong G/P$$

と表わせる．G のすべての極小放物型部分群はある旗 $m \in M$ における等方部分群

$$P_m = \{g \in G \mid gm = m\}$$
である．

問 10.2 $\ell = z$ 軸，$p = yz$ 平面のとき，$P_{(\ell,p)}$ は $G = GL(3, \mathbf{R})$ のどのような部分群か．

$M \cong G/P$ の P-軌道分解はどのようなものであろうか．結論を言うと，M は次のように 6 個の P-軌道に分解されるのである．
$$M = \bigsqcup_{w \in W} Pwm_0 \tag{10.2}$$
ただし W は第 3 節で定義した 3 次の置換行列

$$\begin{pmatrix} 1 & 0 & 0 \\ 0 & 1 & 0 \\ 0 & 0 & 1 \end{pmatrix}, \quad \begin{pmatrix} 1 & 0 & 0 \\ 0 & 0 & 1 \\ 0 & 1 & 0 \end{pmatrix}, \quad \begin{pmatrix} 0 & 1 & 0 \\ 1 & 0 & 0 \\ 0 & 0 & 1 \end{pmatrix},$$

$$\begin{pmatrix} 0 & 0 & 1 \\ 1 & 0 & 0 \\ 0 & 1 & 0 \end{pmatrix}, \quad \begin{pmatrix} 0 & 1 & 0 \\ 0 & 0 & 1 \\ 1 & 0 & 0 \end{pmatrix}, \quad \begin{pmatrix} 0 & 0 & 1 \\ 0 & 1 & 0 \\ 1 & 0 & 0 \end{pmatrix}$$

の集合である．((10.2) の証明については，初等的かつ明解なものは知られていないように思われる．とりあえずは，強引に証明してみてほしい．付録 3 参照) (10.2) によって，G の P-両側剰余類分解
$$G = \bigsqcup_{w \in W} PwP \tag{10.3}$$
が成り立つ．これは $GL(3, \mathbf{R})$ の**ブリュア分解**(Bruhat decomposition)と呼ばれる．

$$w_1 = \begin{pmatrix} 0 & 1 & 0 \\ 1 & 0 & 0 \\ 0 & 0 & 1 \end{pmatrix}, \quad w_2 = \begin{pmatrix} 1 & 0 & 0 \\ 0 & 0 & 1 \\ 0 & 1 & 0 \end{pmatrix}$$

とおけば，
$$W = \{e, w_1, w_2, w_1w_2, w_2w_1, w_1w_2w_1\}$$
と書けることに注意しよう．
$$P_1 = P \sqcup Pw_1P = \{g \in G \mid gp_0 = p_0\}$$
$$P_2 = P \sqcup Pw_2P = \{g \in G \mid g\ell_0 = \ell_0\}$$

はともに P を含む G の部分群であるので放物型部分群である．

補題 10.3 P を含む G の部分群 Q が w_2w_1 または $w_1w_2w_1$ を含むならば $Q = G$ である．

証明 $n = \begin{pmatrix} 1 & 0 & 0 \\ 1 & 1 & 0 \\ 0 & 0 & 1 \end{pmatrix}$ とおくと

$$w_2w_1 n (w_2w_1)^{-1} = \begin{pmatrix} 1 & 0 & 1 \\ 0 & 1 & 0 \\ 0 & 0 & 1 \end{pmatrix} \in P$$

$$w_1w_2w_1 n (w_1w_2w_1)^{-1} = \begin{pmatrix} 1 & 0 & 0 \\ 0 & 1 & 1 \\ 0 & 0 & 1 \end{pmatrix} \in P$$

であるので，Q が w_2w_1 または $w_1w_2w_1$ を含むという仮定により
$$n \in Q$$
である．n は $P_1 = P \sqcup Pw_1P$ に含まれ，P に含まれないので
$$n \in Pw_1P$$
であり，したがって
$$w_1 \in Q$$
である．よって，もう一度 Q が w_2w_1 または $w_1w_2w_1$ を含むという条件を用いて
$$w_2 \in Q$$
も成り立つ．よって (10.3) により，$Q = G$ である． □

命題 10.4 P を含む G の放物型部分群は次の 4 つである．
$$P, \ P_1, \ P_2, \ G$$

証明 Q が P を含む G の放物型部分群であるとすると，P-両側剰余類の和集合で表わせるが，
$$w_1w_2 (= (w_2w_1)^{-1}), \ w_2w_1, \ w_1w_2w_1$$

のいずれかを含むならば，補題 10.3 により $Q = G$ である．よって (10.3) により
$$Q \subset P \sqcup Pw_1P \sqcup Pw_2P$$
と仮定してよい．w_1, w_2 がともに Q に含まれるときは $Q = G$ であるので，
$$Q \subset P_1 \quad \text{または} \quad Q \subset P_2$$
と仮定してよい．このとき，Q は明らかに P, P_1, P_2 のいずれかに等しい．□

以上のことは第 2 章と同様に次のようにルート系を用いて定式化できる．実対角行列
$$d(h_1, h_2, h_3) = \begin{pmatrix} h_1 & 0 & 0 \\ 0 & h_2 & 0 \\ 0 & 0 & h_3 \end{pmatrix}$$
の集合
$$\mathfrak{a} = \{d(h_1, h_2, h_3) \mid h_j \in \mathbf{R}\}$$
は $G = GL(3, \mathbf{R})$ のリー環 $\mathfrak{g} = \mathfrak{gl}(3, \mathbf{R}) = \{3 \text{次実正方行列}\}$ の極大可換部分空間であるが，$\mathfrak{g}$ は $\mathfrak{a}$ に関して次のようにルート空間分解できる．
$$\mathfrak{g} = \mathfrak{a} \oplus \bigoplus_{j \neq k} \mathfrak{g}(\mathfrak{a}, \varepsilon_j - \varepsilon_k)$$
ただし，$\varepsilon_j : d(h_1, h_2, h_3) \mapsto h_j$,
$$\mathfrak{g}(\mathfrak{a}, \varepsilon_j - \varepsilon_k) = \mathbf{R} E_{jk}$$
(E_{jk} は jk-行列単位) である．計算法はすべて第 3 節と同様であるが，例えば $E_{12} \in \mathfrak{g}(\mathfrak{a}, \varepsilon_1 - \varepsilon_2)$ であることは
$$[d(h_1, h_2, h_3), E_{12}] = \begin{pmatrix} h_1 & 0 & 0 \\ 0 & h_2 & 0 \\ 0 & 0 & h_3 \end{pmatrix} \begin{pmatrix} 0 & 1 & 0 \\ 0 & 0 & 0 \\ 0 & 0 & 0 \end{pmatrix} - \begin{pmatrix} 0 & 1 & 0 \\ 0 & 0 & 0 \\ 0 & 0 & 0 \end{pmatrix} \begin{pmatrix} h_1 & 0 & 0 \\ 0 & h_2 & 0 \\ 0 & 0 & h_3 \end{pmatrix}$$
$$= (h_1 - h_2) E_{12} = (\varepsilon_1 - \varepsilon_2)(d(h_1, h_2, h_3)) E_{12}$$
という計算によって示せる．ルート系
$$\Delta = \{\varepsilon_j - \varepsilon_k \mid j \neq k\}$$
の正のルート系 Δ_+ を
$$\Delta_+ = \{\varepsilon_j - \varepsilon_k \mid j < k\} = \{\varepsilon_1 - \varepsilon_2, \varepsilon_2 - \varepsilon_3, \varepsilon_1 - \varepsilon_3\}$$
と定義すると極小放物型部分群 P のリー環 $\mathfrak{p}$ は

$$\mathfrak{p} = \left\{ \begin{pmatrix} a_{11} & a_{12} & a_{13} \\ 0 & a_{22} & a_{23} \\ 0 & 0 & a_{33} \end{pmatrix} \middle| a_{jk} \in \mathbf{R} \right\} = \mathfrak{a} \oplus \bigoplus_{\alpha \in \Delta_+} \mathfrak{g}(\mathfrak{a}, \alpha)$$

と書ける．ブリュア分解にルート系 Δ のワイル群(2.6 節) W が現われるのは自然なことなのである．

10.5 n が一般のとき

一般の n についても $\mathbf{R}^n$ の「旗」を
$$V_1 \subset V_2 \subset \cdots \subset V_{n-1}, \quad \dim V_j = j$$
を満たす $\mathbf{R}^n$ の部分空間の列 $(V_1, V_2, \cdots, V_{n-1})$ と定義することができ，旗多様体 M は G/P と同一視できる．$e_1, \cdots, e_n$ を $\mathbf{R}^n$ の標準基底とし，
$$V_1^{(0)} = \mathbf{R} e_1, \quad V_2^{(0)} = \mathbf{R} e_1 \oplus \mathbf{R} e_2, \quad \cdots, \quad V_{n-1}^{(0)} = \mathbf{R} e_1 \oplus \cdots \oplus \mathbf{R} e_{n-1}$$
とするとき
$$m_0 = (V_1^{(0)}, V_2^{(0)}, \cdots, V_{n-1}^{(0)})$$
とおくと，$P = P_{m_0} = \{g \in G \mid g m_0 = m_0\}$ である．W を置換行列のなす群 ($|W| = n!$) とすると
$$M = \bigsqcup_{w \in W} P w m_0$$
したがって，両側剰余類分解
$$G = \bigsqcup_{w \in W} P w P$$
が成り立つ ($GL(n, \mathbf{R})$ のブリュア分解)．

$\Psi = \{1, 2, \cdots, n-1\}$ の任意の部分集合 Θ に対し
$$P_\Theta = \{g \in G \mid g V_j^{(0)} = V_j^{(0)} \text{ for all } j \in \Psi - \Theta\}$$
とおくと P_Θ は P を含む G の放物型部分群であるが，逆に P を含む G の放物型部分群は P_Θ ($\Theta \subset \Psi$) だけ (2^{n-1} 個) であることが示せる．特に $P_\phi = P$，$P_\Psi = G$ であることに注意しよう．

注意 10.5 Ψ が第 2 章で考えた正のルート系 $\Delta_+ = \{\varepsilon_j - \varepsilon_k \mid j < k\}$ の simple root の集合 $\Psi = \{\varepsilon_1 - \varepsilon_2, \varepsilon_2 - \varepsilon_3, \cdots, \varepsilon_{n-1} - \varepsilon_n\}$ に対応していることがわかるであろう．

10.6 その他の軌道分解

旗多様体 M 上の P 以外の G のさまざまな部分群による軌道分解も考えられる．以下，$n = 3$ とする．M は $SO(3)$ の等質空間であるので，$SO(3)$-軌道は1つしかないし，$O(3) \supset SO(3)$ だから $O(3)$-軌道も1つである．

図形的におもしろい3次元ローレンツ群
$$L = O(2,1) = \{g \in G \mid {}^t g I_{2,1} g = I_{2,1}\}$$
を考えよう．ただし
$$I_{2,1} = \begin{pmatrix} 1 & 0 & 0 \\ 0 & 1 & 0 \\ 0 & 0 & -1 \end{pmatrix}$$
とする．L は $\mathbf{R}^3$ 上の2次形式
$$x^2 + y^2 - z^2$$
を不変にする1次変換のなす群である．

旗多様体 M 上の L-軌道分解は旗と円錐
$$C : x^2 + y^2 - z^2 = 0$$
との位置関係(配置)を分類するだけで理解できる．すなわち M は次のような6個の L-軌道に分解される．

$$S_1 = L(x \text{ 軸}, xy \text{ 平面}),$$
$$S_2 = L(x \text{ 軸}, xz \text{ 平面}),$$
$$S_3 = L(z \text{ 軸}, xz \text{ 平面}),$$
$$S_4 = L(x \text{ 軸}, y = z),$$
$$S_5 = L(\mathbf{R}(e_1 + e_3), xz \text{ 平面}),$$
$$S_6 = L(\mathbf{R}(e_2 + e_3), y = z)$$

(図10.2(次ページ)では，見やすくするために，S_4, S_5, S_6 の代表元をそれぞれ $(x \text{ 軸}, y + z = 0)$，$(\mathbf{R}(e_1 - e_3), xz \text{ 平面})$，$(\mathbf{R}(e_2 - e_3), y + z = 0)$ に取った．) S_1, S_2, S_3 は一般的な配置であり，M の位相に関して開部分集合になっている．

図 10.2

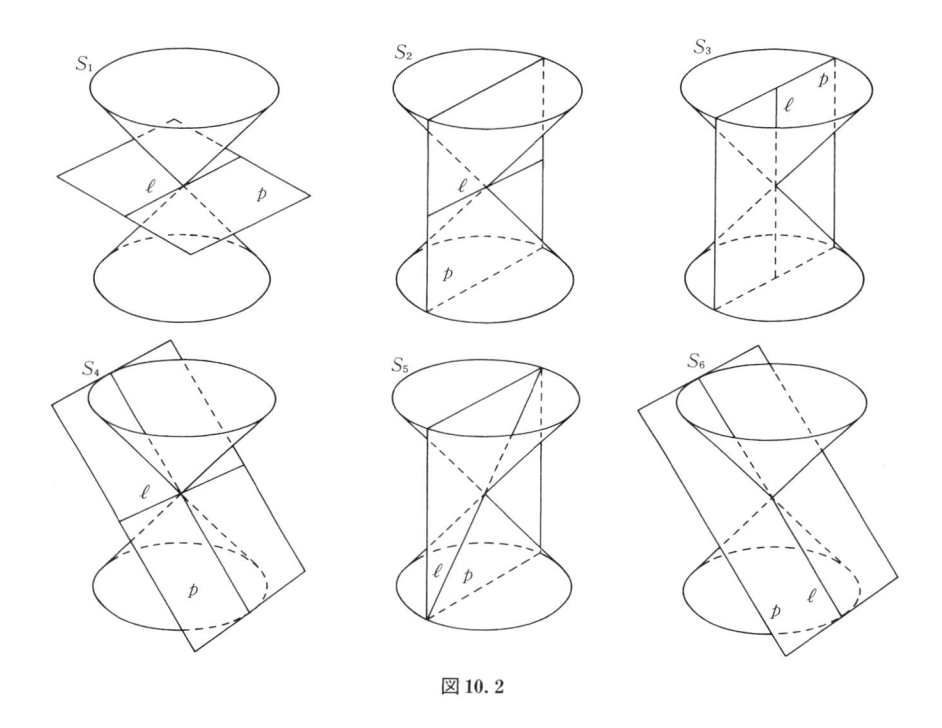

S_6 が最も特殊な配置であり，M の位相に関して閉部分集合になっている．S_4, S_5 は「中間的」な配置である．

問 10.3 次の G の部分群 L' による旗多様体 M の軌道分解を与え，それが上記の L-軌道分解と自然に1対1に対応することを示せ(付録3参照)．

$$L' = \left\{ \begin{pmatrix} a_{11} & a_{12} & 0 \\ a_{21} & a_{22} & 0 \\ 0 & 0 & a_{33} \end{pmatrix} \in G \right\}$$

10.7 あとがき

リー群の研究をしていておもしろいのは，非常に多くの具体例があることで

ある．しかもそれらを理解するためにはほとんど線形代数と微分積分しか必要ないので大学2年次程度で学べるはずのものであろうと思う．リー群とリー環の対応に関する理論の部分などでは高度な多様体の理論を使う必要があり，リー環の一般論ではかなりの代数学の知識を使うが，具体的なリー群について考えるだけならばほとんど予備知識は要らないのである．ある程度具体例の計算に親しんでから高度な理論の勉強をする方がよいと思う．

　いずれにしても，数学の勉強は苦痛であるというのが世間常識のようであるが，少しでも楽しく計算できる数学を普及させたいものである．

参考文献

[1] S. Helgason, *Differential Geometry and Symmetric Spaces*, Academic Press, 1962.

[2] N. Jacobson, *Lie algebras*, Interscience Publishers, 1966.

[3] 小林俊行・大島利雄,『Lie 群と Lie 環(1, 2)』, 岩波講座・現代数学の基礎, 岩波書店, 1999.

[4] T. Matsuki, *Double coset decompositions of reductive Lie groups arising from two involutions*, J. of Algebra, **197** (1997), 49-91.

[5] 森口繁一ほか,『数学公式Ⅲ』, 岩波書店, 1960.

[6] 谷崎俊之,『リー代数と量子群』, 共立出版, 2002.

[7] 横田一郎,『古典型単純リー群』, 現代数学社, 1990.

本文中で引用した上記以外に関連する日本語の教科書をしては次のようなものが挙げられる.

[8] 熊原啓作,『行列・群・等質空間』, 日本評論社, 2001.

[9] 松島与三,『リー環論』, 共立出版, 1956.

[10] 松島与三,『多様体入門』, 裳華房, 1965.

[11] 村上信吾,『連続群論の基礎』, 基礎数学シリーズ, 朝倉書店, 1973.

[12] 岡本清郷,『等質空間上の解析学』, 紀伊國屋書店, 1980.

[13] ポントリャーギン,『連続群論(上・下)』, 岩波書店, 1958.

[14] 佐武一郎,『リー群の話』, 日本評論社, 1982.

[15] 佐武一郎,『リー環の話』, 日本評論社, 1987.

[16] 杉浦光夫,『リー群論』, 共立出版, 2000.

●

付録1

リー群入門

この小論は『数学セミナー』2001年9月号の特集「群をめぐって［活用編］」の一部として掲載されたものである．

群の定義を知っているだけでは，具体的な群について何も理解できないのと同様に，リー群についても，その抽象的な定義：「集合 G は群構造と多様体の構造を持ち，群演算は微分可能写像である」にこだわるのは得策ではない．むしろ，簡単な具体例について理解する方がはるかに有用であり，現代のさまざまな数理科学においても扱われているのはもっぱら典型的なリー群の例であって，抽象的なリー群ではない．そこで本稿では，簡単なリー群の例について，1径数部分群(one-parameter subgroup)の話を中心に初等的に解説したい．

1　1次元リー群

連結1次元リー群はすべて $\boldsymbol{R}$ (群演算は加法) または円周
$$S^1 = \{z \in \boldsymbol{C} \mid |z| = 1\} \qquad (群演算は乗法)$$
と同型である．リー群の定義に基づいてこれを証明することは抽象的な話になるので省略しよう．次の自然な全射準同型があることに注意する．
$$p: \boldsymbol{R} \ni x \longrightarrow e^{ix} = \cos x + i \sin x \in S^1 \qquad (1.1)$$
(右辺の等式はオイラーの関係式と呼ばれる重要な式で，べき級数展開を用いて示せるが，e^{ix} の定義と思っても差し支えない．)

問1　(1.1)が準同型であることと $\cos, \sin$ の加法定理は同等であることを示せ．

2 $GL(n, \boldsymbol{R})$ の1径数部分群

　群の重要な例はすべて変換群である，と言っても過言ではない．なかでもベクトル空間の線形変換のなす群は基本的である．したがって，リー群の例として考えるものは，たいていの場合，一般線形群 $GL(n, \boldsymbol{R})$（または $GL(n, \boldsymbol{C})$）の部分群（と同型）である．ここで，
$$GL(n, \boldsymbol{R}) = \{A \text{ は } n \times n \text{ 実行列} \mid \det A \neq 0\}$$
は線形代数で学ぶように，$\boldsymbol{R}^n$ から $\boldsymbol{R}^n$ への全単射線形写像の集合と自然に同一視できるので群の構造を持ち，また，$n \times n$ 実行列のなす n^2 次元空間の中の $\det A \neq 0$ で定義される開部分集合として微分構造（座標）が入っているので多様体であることに注意する．

　一般に，$\boldsymbol{R}$ からリー群 G への微分可能準同型は**1径数部分群**と呼ばれる．（言葉の正しい使い方としては，本来その準同型の像を意味するべきであるが，慣用に従おう．）$GL(n, \boldsymbol{R})$ の1径数部分群を考えよう．$n = 1$ のときは $GL(1, \boldsymbol{R}) \cong \{x \in \boldsymbol{R} \mid x \neq 0\}$（群演算は乗法）となる．$\boldsymbol{R}$ から $GL(1, \boldsymbol{R})$ への連続準同型はすべてある $a \in \boldsymbol{R}$ を用いて
$$t \longmapsto e^{at}$$
と書ける（簡単な微積分の演習問題）ことに注意しよう．指数関数のべき級数展開
$$e^x = 1 + x + \frac{x^2}{2!} + \cdots + \frac{x^m}{m!} + \cdots$$
は行列に拡張できて，任意の $n \times n$ 行列 A に対し，**指数写像**
$$\exp A = e^A = I_n + A + \frac{1}{2!}A^2 + \cdots + \frac{1}{m!}A^m + \cdots$$
が定義できる．（右辺は行列の極限であるが，各 (i, j) 成分ごとの収束を示せばよい．優級数定理を用いて示すことができる．）$n = 1$ の場合から類推して，

定理1　$GL(n, \boldsymbol{R})$ の1径数部分群は，すべてある $n \times n$ 実行列 A を用いて
$$F : t \longmapsto \exp tA$$
と表せる．

証明 準同型の式
$$F(s+t) = F(s)F(t)$$
の両辺を s で微分すると
$$\frac{d}{ds}F(s+t) = \left(\frac{d}{ds}F(s)\right)F(t)$$
ここで $s=0$ とおき，$F'(0) = A$ とおくと，(行列値) 常微分方程式
$$\frac{d}{dt}F(t) = AF(t) \tag{2.1}$$
が得られる．$F(t) = C_0 + tC_1 + t^2C_2 + t^3C_3 + \cdots + t^mC_m + \cdots$ ($C_0, C_1, \cdots$ は $n \times n$ 行列) とおいて強引に解いてみよう．(収束を仮定し，「項別微分」する．)
$$\frac{d}{dt}F(t) = C_1 + 2tC_2 + 3t^2C_3 + \cdots + mt^{m-1}C_m + \cdots$$
$$AF(t) = AC_0 + tAC_1 + t^2AC_2 + t^3AC_3 + \cdots + t^mAC_m + \cdots$$
の右辺の各 (行列値) 係数を比較して，
$$C_1 = AC_0, \ 2C_2 = AC_1, \ 3C_3 = AC_2, \ \cdots, \ mC_m = AC_{m-1}, \ \cdots$$
であり，また $C_0 = F(0) = I_n$ であるから，
$$C_m = \frac{1}{m!}A^m$$
が得られる．よって，
$$F(t) = I_n + tA + \frac{1}{2!}t^2A^2 + \cdots + \frac{1}{m!}t^mA^m + \cdots = \exp tA$$
は (2.1) の解であり，常微分方程式の解の一意性により解はこれに限る．

$P(t) = \exp(t+s)A$，$Q(t) = \exp tA \exp sA$ とおくと，(2.1) により，
$$\frac{d}{dt}P(t) = AP(t), \quad P(0) = \exp sA$$
$$\frac{d}{dt}Q(t) = \left(\frac{d}{dt}\exp tA\right)\exp sA = A\exp tA \exp sA = AQ(t),$$
$$Q(0) = \exp sA$$
であるから，再び常微分方程式の解の一意性により，$P(t) = Q(t)$ すなわち
$$\exp(t+s)A = \exp tA \exp sA$$
となり，$t \mapsto \exp tA$ が 1 径数部分群であることが示された．(**注**：$AB = BA$ のときに，直接 $\exp(A+B) = \exp A \exp B$ を示すこともできる.) □

3 $n=2$ のとき

$n=2$ のとき, $\exp tA$ がどのような行列(1次変換)であるか具体的に調べてみよう. $A = \begin{pmatrix} a & b \\ c & d \end{pmatrix}$ のとき, 任意の $\begin{pmatrix} x_0 \\ y_0 \end{pmatrix} \in \mathbf{R}^2$ に対し $F(t)\begin{pmatrix} x_0 \\ y_0 \end{pmatrix} = \begin{pmatrix} x \\ y \end{pmatrix}$ とおくと, (2.1)により,

$$\frac{d}{dt}\begin{pmatrix} x \\ y \end{pmatrix} = A\begin{pmatrix} x \\ y \end{pmatrix}$$

すなわち, 連立常微分方程式

$$\frac{dx}{dt} = ax + by, \qquad \frac{dy}{dt} = cx + dy \tag{3.1}$$

(初期条件：$x(0) = x_0$, $y(0) = y_0$)が成り立つことに注意しよう.

（1） A が対角行列のとき, すなわち $b = c = 0$ とき, (3.1)は容易に解けて,

$$x = e^{at}x_0, \qquad y = e^{dt}y_0$$

したがって,

$$\exp tA = \begin{pmatrix} e^{at} & 0 \\ 0 & e^{dt} \end{pmatrix}$$

となる. もちろん, 次のように直接計算することもできる.

$$\exp tA = \begin{pmatrix} 1 & 0 \\ 0 & 1 \end{pmatrix} + t\begin{pmatrix} a & 0 \\ 0 & d \end{pmatrix} + \frac{t^2}{2!}\begin{pmatrix} a & 0 \\ 0 & d \end{pmatrix}^2 + \cdots$$

$$= \begin{pmatrix} 1 + ta + \dfrac{t^2 a^2}{2!} + \cdots & 0 \\ 0 & 1 + td + \dfrac{t^2 d^2}{2!} + \cdots \end{pmatrix} = \begin{pmatrix} e^{at} & 0 \\ 0 & e^{dt} \end{pmatrix}$$

$a = 1$, $d = -1$ のときに, この1次変換を図示してみると図1のようになる. 行列 $A = \begin{pmatrix} 1 & 0 \\ 0 & -1 \end{pmatrix}$ はベクトル場

$$\begin{pmatrix} x \\ y \end{pmatrix} \longmapsto A\begin{pmatrix} x \\ y \end{pmatrix} = \begin{pmatrix} x \\ -y \end{pmatrix}$$

(点 (x, y) にベクトル $(x, -y)$ がくっついている. ベクトル $(x, -y)$ の長さを縮

めて書く方がわかりやすい)を表し，$\exp tA$ の**無限小変換**と呼ばれる．

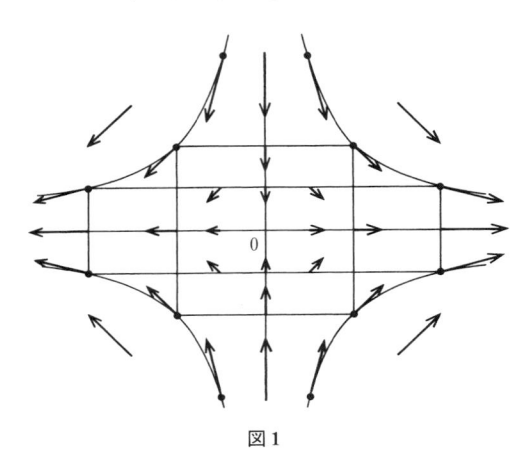

図 1

(2) A が実行列 P によって対角化可能のとき，$P^{-1}AP = B$ (対角行列)
とし，$\begin{pmatrix} x \\ y \end{pmatrix} = P \begin{pmatrix} u \\ v \end{pmatrix}$ とすると，(3.1) により

$$P \frac{d}{dt} \begin{pmatrix} u \\ v \end{pmatrix} = \frac{d}{dt} \begin{pmatrix} x \\ y \end{pmatrix} = A \begin{pmatrix} x \\ y \end{pmatrix} = AP \begin{pmatrix} u \\ v \end{pmatrix}$$

であるから，

$$\frac{d}{dt} \begin{pmatrix} u \\ v \end{pmatrix} = P^{-1}AP \begin{pmatrix} u \\ v \end{pmatrix} = B \begin{pmatrix} u \\ v \end{pmatrix}$$

となり，(1) に帰着する．

あるいは次の一般的な命題(証明容易)を用いても計算できる．

命題 2 $\exp t(P^{-1}AP) = P^{-1}(\exp tA)P.$

問 2 $A = \begin{pmatrix} 2 & 1 \\ 1 & 2 \end{pmatrix}$ のとき $\exp tA$ を求めよ．

(3) $A = \begin{pmatrix} 0 & -1 \\ 1 & 0 \end{pmatrix}$ のとき，無限小変換

$$\begin{pmatrix} x \\ y \end{pmatrix} \longmapsto A \begin{pmatrix} x \\ y \end{pmatrix} = \begin{pmatrix} -y \\ x \end{pmatrix}$$

は図 2 のようになるので，明らかに
$$\exp tA = \begin{pmatrix} \cos t & -\sin t \\ \sin t & \cos t \end{pmatrix}$$
(原点のまわりの角度 t の回転)である．もちろん，連立微分方程式
$$\frac{dx}{dt} = -y, \quad \frac{dy}{dt} = x$$
(2 階微分方程式 $\frac{d^2x}{dt^2} = -x$ と同じ)を解いても，あるいは直接 $\exp tA$ を計算しても得られる．

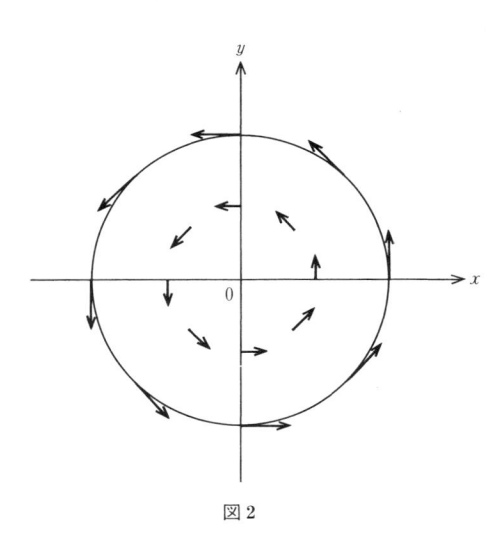

図 2

(4) $A = \begin{pmatrix} 0 & 1 \\ 0 & 0 \end{pmatrix}$ のとき，$A^2 = 0$ であるから
$$\exp tA = \begin{pmatrix} 1 & 0 \\ 0 & 1 \end{pmatrix} + t\begin{pmatrix} 0 & 1 \\ 0 & 0 \end{pmatrix} = \begin{pmatrix} 1 & t \\ 0 & 1 \end{pmatrix}$$
となる(図 3)．

4　非ユークリッド幾何への応用

1 径数部分群は対称空間の測地線を記述するのに用いられる．もっとも簡単

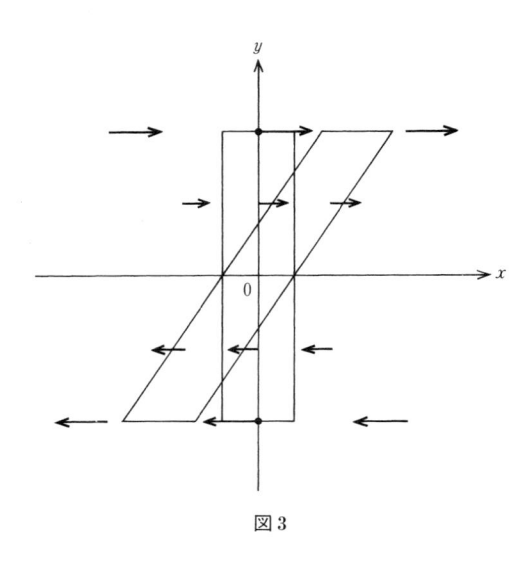

なよく知られた例で説明しよう．上半平面
$$M = \{z \in \boldsymbol{C} \mid \operatorname{Im} z > 0\}$$
の上に $G_0 = \{g \in GL(2, \boldsymbol{R}) \mid \det g > 0\}$ が，1次分数変換
$$\begin{pmatrix} a & b \\ c & d \end{pmatrix} z = \frac{az+b}{cz+d}$$
によって作用する．M 上の G-不変計量
$$ds^2 = \frac{1}{y^2}(dx^2 + dy^2)$$
(y 座標が1のところにある普通の(ユークリッド計量 $ds^2 = dx^2 + dy^2$ に関する)長さ 0.01 の線分と，y 座標が2のところにある普通の長さ 0.02 の線分が，この計量では同じ「長さ」であるというような意味である)に関する測地線(最短距離を与える曲線，ユークリッド空間においては直線)は x 軸に直交する半円または半直線(図4)であることが知られているが，i を通る測地線はすべて
$$(\exp tA)i \quad (A \text{ は対称行列})$$
と書ける．なぜならば，$A = \begin{pmatrix} a & 0 \\ 0 & d \end{pmatrix}$ $(a \neq d)$ のとき，$\{(\exp tA)i \mid t \in \boldsymbol{R}\} = \{yi \mid y > 0\}$ であり，任意の2次対称行列 A はある回転

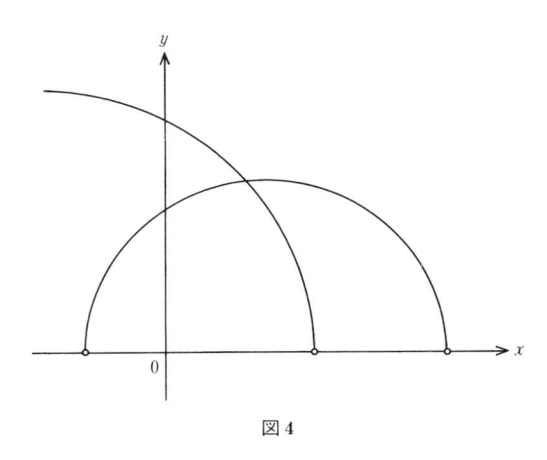

$$P = \begin{pmatrix} \cos\theta & -\sin\theta \\ \sin\theta & \cos\theta \end{pmatrix}$$

によって

$P^{-1}AP = B$　　（対角行列）

と対角化できる．命題2と $Pi = i$ であることを用いて

$(\exp tA)i = P(\exp tB)P^{-1}i = P(\exp tB)i.$

よって，

$\{(\exp tA)i \mid t \in \mathbf{R}\} = P\{yi \mid y > 0\}$

となる．最後の式が x 軸に直交する半円または半直線を表すことは1次分数変換の一般論からわかる．

問3 M 上に適当な三角形を描いて，内角の和が $180°$ より小さいことを確かめよ．（角度は普通に測る．G の作用は「等角」写像だから．）

5　$GL(n, \mathbf{R})$ のリー環

$G = GL(n, \mathbf{R})$ とし，$n \times n$ 実行列のなすベクトル空間を $\mathfrak{g}$（ドイツ文字の g）で表そう．$\mathfrak{g}$ にある演算を定義して G のリー環と称するのである．まず，G が $\mathfrak{g}$ に次のように自然に左から作用する．

$$G \times \mathfrak{g} \ni (g, Y) \longmapsto gYg^{-1} \in \mathfrak{g}$$

次に，G の中の曲線 $g(t)$ で $g(0) = I_n$，$g'(0) = X (X \in \mathfrak{g})$ となるものを考え，これを $Y \in \mathfrak{g}$ に作用させると，

$$\begin{aligned} g(t)Yg(t)^{-1} &= (I_n + tX + o(t))Y(I_n - tX + o(t)) \\ &= Y + t(XY - YX) + o(t). \end{aligned}$$

($o(t)$ はランダウの記号：t より高位の無限小を表す．) よって，

$$\frac{d}{dt}(g(t)Yg(t)^{-1})\Big|_{t=0} = XY - YX$$

が重要であることがわかる．

$$XY - YX = [X, Y]$$

と表し，**括弧積**と呼ぶ．この括弧積の構造も含めたベクトル空間 $\mathfrak{g}$ を $G = GL(n, \mathbf{R})$ の**リー環**と呼ぶ．その重要性は次のように部分群や準同型を考察すればわかる．

（1） **G のリー部分群**：H は G の部分群であり，かつ部分多様体であるとする．このようなとき H は G のリー部分群と呼ばれる．I_n における H の接空間を $\mathfrak{h}$ とすると，

命題 3 $\mathfrak{h}$ は $\mathfrak{g}$ のリー部分環である．すなわち，$X, Y \in \mathfrak{h} \Longrightarrow [X, Y] \in \mathfrak{h}$

証明 まず，$h \in H$，$Y \in \mathfrak{h}$ のとき

$$hYh^{-1} \in \mathfrak{h}$$

がわかる．なぜならば，$y(0) = I_n$，$y'(0) = Y$ となる H 内の曲線 $y(t)$ を考えると，$hy(t)h^{-1} \in H$ だから

$$hYh^{-1} = \frac{d}{dt}hy(t)h^{-1}\Big|_{t=0} \in \mathfrak{h}$$

次に，$X \in \mathfrak{h}$ に対して，$h(0) = I_n$，$h'(0) = X$ となる H 内の曲線 $h(t)$ を取れば，$h(t)Yh(t)^{-1} \in \mathfrak{h}$ であるから，$\mathfrak{h}$ の線形性により，

$$[X, Y] = \frac{d}{dt}(h(t)Yh(t)^{-1})\Big|_{t=0} \in \mathfrak{h} \qquad \square$$

(注：逆に $\mathfrak{g}$ の任意のリー部分環 $\mathfrak{h}$ に対して，リー部分群 H が構成されるが，少し難しい．)

（2） **準同型**：(1)で考えた G のリー部分群 H から $G' = GL(n', \boldsymbol{R})$ への(微分可能)準同型 f が与えられたとき，

命題 4 f の微分 f_* は $\mathfrak{h}$ から $\mathfrak{g}'$ へのリー環としての準同型である．すなわち，
$$X, Y \in \mathfrak{h} \Longrightarrow f_*([X, Y]) = [f_*(X), f_*(Y)].$$
証明 $h \in H$ と $y(0) = I_n$, $y'(0) = Y$ となる H 内の曲線 $y(t)$ に対し，
$$f(hy(t)h^{-1}) = f(h)f(y(t))f(h)^{-1}$$
であるから，
$$f_*(hYh^{-1}) = f(h)f_*(Y)f(h)^{-1}$$
である．$h(0) = I_n$, $h'(0) = X$ となる H 内の曲線 $h(t)$ を取ると，
$$f_*(h(t)Yh(t)^{-1}) = f(h(t))f_*(Y)f(h(t))^{-1}$$
となるが，両辺の $t = 0$ における微分係数を取れば
$$f_*([X, Y]) = [f_*(X), f_*(Y)] \qquad \square$$

(注：逆に，リー環の準同型 $F : \mathfrak{h} \to \mathfrak{g}'$ が与えられたとき，ある条件の下で $f_* = F$ を満たすリー群の準同型 $f : H \to G'$ が構成できる．特に，H が連結かつ単連結であればよい．)

6 おわりに

1径数部分群の話を中心に，非常に具体的かつ初等的な事柄の説明をしたが，この他にも，直交群，ユニタリ群などのコンパクト群，ルート系，有限次元表現，球関数，軌道分解など，初等的でありながら応用上も重要な事柄は多い．進んで学ばれることを期待する．最後に，最近の日本語の教科書で参考になりそうなものを挙げておく．

- 大島利雄-小林俊行：『Lie 群と Lie 環 (1, 2)』，岩波講座・現代数学の基礎，岩波書店
- 杉浦光夫：『リー群論』，共立出版
- 佐武一郎：『リー群の話』，日本評論社
- 村上信吾：『連続群論の基礎』，基礎数学シリーズ，朝倉書店

付録2

リー群の軌道分解

　この講義録は，1996年と1997年に岡山理科大学と東京大学で行った集中講義の内容をまとめたものである．3節までは線形代数の知識だけでしか用いないが，4節以降では多様体に関する基本的な理解も必要である．

1　群論

1.1　群

群(group)の例と定義について簡単にまとめておこう．

例1　（1）　n次対称群：$S_n = \{g : M \to M \,|\, (1対1)\}$
ただし，$M = \{1, 2, \cdots, n\}$
　　（2）　一般線形群：$GL(n, \boldsymbol{F}) = \{g は \boldsymbol{F}\text{-係数 } n \times n \text{ 行列} \,|\, \det g \neq 0\}$
ただし，$\boldsymbol{F}$ は $\boldsymbol{R}, \boldsymbol{C}$ などの体
　　（3）　直交群：$O(n) = \{g \in GL(n, \boldsymbol{R}) \,|\, {}^t g g = I_n\}$　　　（I_n は単位行列）
　　（4）　ユニタリ群：$U(n) = \{g \in GL(n, \boldsymbol{C}) \,|\, {}^t \bar{g} g = I_n\}$

群の定義　集合 G が群であるとは，写像

$$G \times G \ni (g, h) \longmapsto gh \in G \quad (積)$$

が与えられていて，次の3つの条件が成り立つことである．
　　（ⅰ）　$(fg)h = f(gh)$　for　$f, g, h \in G$　　　（結合法則）
　　（ⅱ）　$e \in G$ が存在して，任意の $g \in G$ に対し
　　　　$eg = ge = g$　　（単位元の存在）

(iii) 任意の $g \in G$ に対し，$g^{-1} \in G$ が存在して，
$g^{-1}g = gg^{-1} = e$ （逆元の存在）

1.2 群の作用

定義 群 G が集合 M に（左から）作用するとは，写像
$$G \times M \ni (g, m) \longmapsto gm \in M$$
が与えられていて，次の2つの条件が成り立つことである．
(i) $g(hm) = (gh)m$ for $g, h \in G$ and $m \in M$
(ii) $em = m$ for $m \in M$

注意 1.1 （1） G の任意の部分群 H は M に作用する．（群の作用の"制限"）
（2） "右から"の作用も同様に定義できる．

群の作用の例は次のように多くある．

例 2 （1） $G = S_n$, $M = \{1, 2, \cdots, n\}$
（2） G：正 n 面体群（$n = 4, 6, 8, 12, 20$），M：その頂点の集合
（3） $G = GL(n, \mathbf{R})$, $M = \mathbf{R}^n$
（4） $G = O(n)$, $M = \mathbf{R}^n$
（5） $G = GL(n, \mathbf{R})$, $M = \{n \text{ 次実対称行列}\}$，G の M への作用は，
$$(g, m) \longmapsto gm\,{}^t g$$
（6） $G \times G$ は G に次のように自然に（左から）作用する．
$$(g_1, g_2) \cdot g = g_1 g g_2^{-1} \quad (g, g_1, g_2 \in G)$$
(6)について $G \times G$ の作用を次のようなさまざまな部分群 F に制限することができる．
（7） $F = H \times \{e\}$ （H は G の部分群）
（8） $F = \{e\} \times H$ （H は G の部分群）
（9） $F = H \times L$ （H, L は G の部分群）

(10)　$F = \Delta G = \{(g, g) \mid g \in G\}$　("共役": $(g, g) \cdot h = ghg^{-1}$ であるから)

1.3　軌道分解

$m \in M$ に対し，M の部分集合

$$Gm = \{gm \mid g \in G\}$$

を M 上の(m を通る)G 軌道という．

命題 1.1　$Gm \cap Gm' \neq \phi \Longrightarrow Gm = Gm'$

証明　$m'' \in Gm \cap Gm'$ とすると，$m'' = gm = g'm'$ $(g, g' \in G)$ と書ける．

$$m' = em' = g'^{-1}g'm' = g'^{-1}gm \in Gm$$

よって $Gm' \subset Gm$ である．同様にして，$Gm \subset Gm'$ も成り立つので，

$$Gm = Gm'$$
□

この命題により，M の G 軌道分解

$$M = \bigsqcup_{m \in I} Gm \quad (\text{disjoint union}, \ I：代表元の集合)$$

が得られる．

$$M = Gm$$

と書けるとき(すなわち $|I| = 1$ のとき)，M を G の等質空間(homogeneous space)という．

例 3　(1)　例 2 の(1)は等質空間．

(2)　例 2 の(4)について，

$$M_r = \left\{ \begin{pmatrix} x_1 \\ \vdots \\ x_n \end{pmatrix} \in \boldsymbol{R} \mid x_1^2 + \cdots + x_n^2 = r^2 \right\} \cong \begin{cases} S^{n-1} & (r > 0) \\ 1\text{ 点} & (r = 0) \end{cases}$$

とおくと，

$$M_r = G \begin{pmatrix} r \\ 0 \\ \vdots \\ 0 \end{pmatrix}$$

であり，

$$M = \boldsymbol{R}^n = \bigsqcup_{r \geq 0} M_r$$

と軌道分解できる．それぞれの M_r は G の等質空間である．

等方部分群(isotropy subgroup)　$m \in M$ に対し，

$$H = G_m = \{g \in G \mid gm = m\}$$

とおくと，H は G の部分群になる．(問：(1)これを示せ．(2)$G_{gm} = gG_m g^{-1}$ を示せ．)

1.4　商空間：G/H

例 2 の(8)の群作用を考えよう．$F = \{e\} \times H$, $(e, h) \cdot g = gh^{-1}$ だから，F 軌道は

$$F \cdot g = gH = \{gh \mid h \in H\}$$

の形の G の部分集合である．($H \ni h \mapsto h^{-1} \in H$ は全単射だから．)　この gH を($g \in G$ を通る)H 右剰余類という．1.3 節で与えた軌道分解(命題 1.1)を考えることにより，次の "右剰余類分解" が得られる．

$$G = \bigsqcup_{g \in I} gH$$

注意 1.2　(1)　$H \ni h \mapsto gh \in gH$ は全単射である．よって，$|H| < \infty$ ならば $|gH| = |H|$ ($g \in G$) である．

(2)　$|G| < \infty$ ならば，$|G| = |I||H|$

(3)　H 左剰余類 Hg も同様に定義される．(**定義**：H が G の正規部分群である $\iff Hg = gH$ for all $g \in G$)

G の H 右剰余類の集合を G/H で表す．

等質空間 $M = Gm$ について，$H = G_m$（m の等方部分群）とおく．次の写像を考えよう．
$$G/H \ni gH \longmapsto gm \in M \tag{1.1}$$
この写像は well-defined である．なぜなら，$gH = g'H$ のとき $g' = gh$ ($h \in H$) と書けるので
$$g'm = ghm = gm$$
となるからである．また，M が等質空間であるのでこの写像は明らかに全射であり，単射であることも容易にわかる．よって，次のことがわかった．

命題 1.2 (1.1) は全単射である．これを簡潔に表すと，
$$\boxed{G/H \cong M}$$

例 4 (1) (例 3 の (2) のつづき) $G = SO(n) = \{g \in O(n) \mid \det g = 1\}$,
$$M = S^{n-1} = \left\{ \begin{pmatrix} x_1 \\ \vdots \\ x_n \end{pmatrix} \in \mathbf{R}^n \,\middle|\, x_1^2 + \cdots + x_n^2 = 1 \right\}, \quad m = \begin{pmatrix} 1 \\ 0 \\ \vdots \\ 0 \end{pmatrix}$$
とおくと，$M = Gm$ である．$H = G_m$ を計算すると，
$$H = \{g \in SO(n) \mid gm = m\}$$
$$= \left\{ \begin{pmatrix} 1 & 0 \\ 0 & g' \end{pmatrix} \,\middle|\, g' \in SO(n-1) \right\} \cong SO(n-1)$$
となる．よって，
$$\boxed{S^{n-1} \cong SO(n)/SO(n-1)}$$

(2) G：正 4 面体群（正 4 面体の回転群），$M = \{$頂点$\} = \{A, B, C, D\}$ のとき，M は等質空間である．$M \cong G/G_A$, $|G_A| = 3$ であるから，注意 1.2 の (2) により
$$|G| = |M||G_A| = 4 \times 3 = 12$$
である．（**注**：$G \cong A_4$ (4 次交代群) である．）$N = \{$辺$\} \ni \ell$ に対し，$|G_\ell| =$

2 であるから，N が G の等質空間であるとすれば，
$$|N| = |G/G_\ell| = 12/2 = 6 \quad (\text{話はあっている！})$$

注意 1.3 正 n 面体について，頂点，辺，面の数は次の通りである．

n	4	6	8	12	20
頂点の数	4	8	6	20	12
辺の数	6	12	12	30	30
面の数	4	6	8	12	20

問：各 n について，$|G|$ を求めよ．

1.5 両側剰余類分解

$$M = Gm_0 \cong G/L \quad (L = G_{m_0})$$

とする．G の部分群 H に対し，M の H 軌道分解を考えよう．

$$M = \bigsqcup_{m \in I} Hm$$

$m \in M$, $m = gm_0$ とすると，命題 1.2 の対応 $M \cong G/L$ において，M の部分集合 Hm に対し，G の L 右剰余類の和集合

$$HgL = \bigcup_{h \in H} hgL = \{hg\ell \mid h \in H,\ \ell \in L\}$$

(H-L 両側剰余類)が対応する．各 $m \in I$ に対し，$m = gm_0$ となる $g \in G$ を 1 つずつ取り，その集合を J とおけば，

$$G = \bigsqcup_{g \in J} HgL \quad (両側剰余類分解)$$

が得られる．(**注**：この分解は例 2 の (9) の群作用に関する G の軌道分解にほかならない．) M の H 軌道の集合を $H \backslash M$，G の H-L 両側剰余類の集合を $H \backslash G / L$ と表す．以上のことを簡潔に書くと

$$\boxed{H \backslash G / L \cong H \backslash M}$$

問1 G：正6面体，m：1つの頂点，$H = G_m$ に対し，$|H\backslash G/H|$，$|HgH|$ ($g \in G$) を求めよ．(他の正多面体についてはどうか？)

例5 $G = SO(3)$,
$$H = L = \left\{ \begin{pmatrix} A & 0 \\ 0 & 1 \end{pmatrix} \Big| A \in SO(2) \right\}, \quad m_0 = \begin{pmatrix} 0 \\ 0 \\ 1 \end{pmatrix}$$
とおくと，$G/H \cong S^2 = Gm_0$ である．
$$M_\theta = Hm_\theta, \quad m_\theta = \begin{pmatrix} \sin\theta \\ 0 \\ \cos\theta \end{pmatrix}$$
とおくと,
$$M = \bigsqcup_{0 \leq \theta \leq \pi} M_\theta$$
が成り立つ．
$$a_\theta = \begin{pmatrix} \cos\theta & & \sin\theta \\ & 1 & \\ -\sin\theta & & \cos\theta \end{pmatrix}$$
とおけば $a_\theta m_0 = m_\theta$ なので,
$$G = \bigsqcup_{0 \leq \theta \leq \pi} Ha_\theta H$$
が成り立つ．

問2 例5の G, H, a_θ および次の $g \in G$ について，$g = ha_\theta \ell$ となる $h, \ell \in H$ と θ をすべて求めよ．

(1) $\begin{pmatrix} 0 & 1 & 0 \\ 0 & 0 & 1 \\ 1 & 0 & 0 \end{pmatrix}$ (2) $\begin{pmatrix} 1 & 0 & 0 \\ 0 & -1 & 0 \\ 0 & 0 & -1 \end{pmatrix}$

問3 $G = GL(2, \boldsymbol{C})$，$M = P^1(\boldsymbol{C}) = \boldsymbol{C} \cup \{\infty\}$ とする．G の M への作用は次で与えられる．(1次分数変換)

$$\begin{pmatrix} a & b \\ c & d \end{pmatrix} z = \frac{az+b}{cz+d}$$

(1)　$M^3 = M \times M \times M$ に G が $g(z_1, z_2, z_3) = (gz_1, gz_2, gz_3)$ で作用するときの軌道分解を求めよ.

(2)　$M^4 = M \times M \times M \times M$ についてはどうか.

2　線形代数

例2の(5)の群作用を考察しよう. $G = GL(n, \boldsymbol{R})$, $M = \{n$ 次実対称行列$\}$, G の M への作用は,

$$G \times M \ni (g, m) \longmapsto g \cdot m = gm{}^t g \in M$$

で与えられている. このとき, M の G 軌道分解は次で与えられる. (シルベスター (Sylvester) の慣性律)

$$M = \bigsqcup_{p+q \leq n} M_{p,q} \qquad (|I| = n(n+1)/2)$$

ただし

$$\begin{aligned} M_{p,q} &= \{ \text{符号 } (p, q) \text{ の対称行列} \} \\ &= \{ m \in M \,|\, m \text{ の正の固有値の数} = p, \text{ 負の固有値の数} = q \} \end{aligned}$$

まず $M_{n,0}$ (正定値対称行列の集合)について考える. $M_{n,0} \ni I_n$ (単位行列)について $H = G_{I_n}$ を求めると,

$$H = \{ g \in G \,|\, gI_n{}^t g = I_n \} = \{ g \in G \,|\, g{}^t g = I_n \} = O(n)$$

よって, $M_{n,0} \cong G/H = GL(n, \boldsymbol{R})/O(n)$ である. $M_{n,0}$ の H 軌道分解は次のようになる. $h \in H = O(n)$ に対し, $h \cdot m = hm{}^t h = hmh^{-1}$ であり, M の元 (実対称行列)は H の元 (実直交行列)によって対角化できるので,

$$A = \left\{ \begin{pmatrix} a_1 & & 0 \\ & \ddots & \\ 0 & & a_n \end{pmatrix} \middle| a_i > 0 \right\}$$

とおけば,

$$M_{n,0} = \bigcup_{a \in A} H \cdot a$$

と H 軌道分解できる．代表元を一意的にしようとするならば，例えば

$$A^+ = \left\{ \begin{pmatrix} a_1 & & 0 \\ & \ddots & \\ 0 & & a_n \end{pmatrix} \middle| a_1 \geqq \cdots \geqq a_n > 0 \right\}$$

とおくことにより，

$$M_{n,0} = \bigsqcup_{a \in A^+} H \cdot a$$

と disjoint union に分解できる．両側剰余類分解 $H \backslash G / H$ の代表元を 1.5 節の要領で構成しよう．

$$A^+ \ni a \longmapsto a \cdot I_n = a I_n {}^t a = a^2 \in A^+$$

は明らかに全単射であるので A^+ を代表元の集合とできる．よって

$$G = \bigsqcup_{a \in A^+} HaH$$

と両側剰余類分解できる．

問 4 上記の G, H, A および次の $g \in G$ について，$g = ha\ell$ ($h, \ell \in H$, $a \in A$) と表せ．

(1) $\begin{pmatrix} 1 & 2 \\ 0 & 1 \end{pmatrix}$ (2) $\begin{pmatrix} 0 & 1 & 1 \\ 1 & 0 & 1 \\ 1 & 1 & 0 \end{pmatrix}$

次に，$M_{p,q}$ について $p+q=n$ の場合を考察しよう．

$$m = I_{p,q} = \begin{pmatrix} I_p & 0 \\ 0 & -I_q \end{pmatrix} \in M_{p,q}$$

について $L = G_m$ を求めると

$$L = \{ g \in G \mid g I_{p,q} {}^t g = I_{p,q} \}$$

となる．この群は $O(p,q)$ という記号で表される．$M_{p,q}$ の H 軌道分解 ($H = O(n)$) については，$M_{n,0}$ の場合と同様で，

$$A_{p,q} = \left\{ \begin{pmatrix} a_1 & & 0 \\ & \ddots & \\ 0 & & a_n \end{pmatrix} \middle| a_1 \geqq \cdots \geqq a_p > 0 > a_{p+1} \geqq \cdots \geqq a_n \right\}$$

とおくことにより，
$$M_{p,q} = \bigsqcup_{a \in A_{p,q}} H \cdot a$$
と軌道分解できる．両側剰余類分解 $H \backslash G / L$ の代表元の集合としては，
$$A_{p,q}^+ = \left\{ \begin{pmatrix} a_1 & & 0 \\ & \ddots & \\ 0 & & a_n \end{pmatrix} \middle| a_1 \geq \cdots \geq a_p > 0, \ 0 < a_{p+1} \leq \cdots \leq a_n \right\}$$
が取れる．なぜならば，
$$a = \begin{pmatrix} a_1 & & 0 \\ & \ddots & \\ 0 & & a_n \end{pmatrix} \in A_{p,q}^+$$
に対して
$$a \cdot I_{p,q} = a I_{p,q} {}^t a = \begin{pmatrix} a_1^2 & & & & & \\ & \ddots & & & 0 & \\ & & a_p^2 & & & \\ & & & -a_{p+1}^2 & & \\ & 0 & & & \ddots & \\ & & & & & -a_n^2 \end{pmatrix} \in A_{p,q}$$
を対応させる写像は全単射だからである．よって
$$G = \bigsqcup_{a \in A_{p,q}^+} HaL$$
が成り立つ．

注意 （1） 一般に $L \backslash G / L$ などの構造は複雑である．（[2] Section 2.2 参照）

（2） エルミート(Hermite)行列についても次のように同様のことができる．$G = GL(n, \boldsymbol{C})$, $M = \{$エルミート行列$\} = \{m : n \times n$ 複素行列 $| {}^t \bar{m} = m\}$ について，
$$G \times M \ni (g, m) \longmapsto g \cdot m = g m {}^t \bar{g} \in M$$
によって G は M に作用する．その軌道分解は，

で与えられる．$M = \bigsqcup_{p+q \leq n} M_{p,q}, \quad M_{p,q} = G \cdot \begin{pmatrix} I_p & & 0 \\ & 0 & \\ 0 & & -I_q \end{pmatrix}$

で与えられる．I_n の等方部分群 H を求めると

$$H = G_{I_n} = \{g \in G \mid g\,{}^t\bar{g} = I_n\} = U(n) \qquad (\text{ユニタリ群})$$

となる．

$$A = \left\{ \begin{pmatrix} a_1 & & 0 \\ & \ddots & \\ 0 & & a_n \end{pmatrix} \middle| a_i > 0 \right\}$$

$$A^+ = \left\{ \begin{pmatrix} a_1 & & 0 \\ & \ddots & \\ 0 & & a_n \end{pmatrix} \middle| a_1 \geq \cdots \geq a_n > 0 \right\}$$

とおけば，

$$G = HAH = HA^+H = \bigsqcup_{a \in A^+} HaH$$

と両側剰余類分解できる．

問5 $G = GL(2, \boldsymbol{C})$, $H = O(2, \boldsymbol{C}) = \{g \in G \mid g\,{}^tg = I_2\}$, $L = U(2)$ について

$$A^+ = \left\{ \begin{pmatrix} a_1 & 0 \\ 0 & a_2 \end{pmatrix} \middle| a_1 \geq a_2 > 0 \right\}$$

とおけば

$$G = HA^+L = \bigsqcup_{a \in A^+} HaL$$

であることを示せ．

3　$O(p) \times O(q) \backslash O(n) / O(r) \times O(s)$

$G = O(n)$ とし，次のような G の部分群 H, L を考える．

$$H = \left\{ \begin{pmatrix} P & 0 \\ 0 & Q \end{pmatrix} \middle| P \in O(p), \ Q \in O(q) \right\} \cong O(p) \times O(q)$$

$$L = \left\{ \begin{pmatrix} R & 0 \\ 0 & S \end{pmatrix} \middle| R \in O(r), \ S \in O(s) \right\} \cong O(r) \times O(s)$$

($n = p+q = r+s, \ r \geqq p \geqq q \geqq s$ とする．) この節では両側剰余類分解 $H \backslash G / L$ の代表元として次のような元が取れることを示したい．対角行列の記号

$$d(x_1, \cdots, x_s) = \begin{pmatrix} x_1 & & 0 \\ & \ddots & \\ 0 & & x_s \end{pmatrix}$$

を用いて

$$a(\theta_1, \cdots, \theta_s) = \begin{pmatrix} d(\cos\theta_1, \cdots, \cos\theta_s) & & d(\sin\theta_1, \cdots, \sin\theta_s) \\ & I_{n-2s} & \\ -d(\sin\theta_1, \cdots, \sin\theta_s) & & d(\cos\theta_1, \cdots, \cos\theta_s) \end{pmatrix}$$

とおき，G の部分集合 A, A^+ を次で定義する．

$$A = \{a(\theta_1, \cdots, \theta_s) \mid \theta \in \boldsymbol{R}\},$$
$$A^+ = \{a(\theta_1, \cdots, \theta_s) \mid \pi/2 \geqq \theta_1 \geqq \cdots \geqq \theta_s \geqq 0\}$$

定理 3.1 ([2] Example 4(ii))　$G = HAL = \bigsqcup_{a \in A^+} HaL$

証明　$\boldsymbol{R}^n$ の標準基底

$$e_1 = \begin{pmatrix} 1 \\ 0 \\ \vdots \\ 0 \end{pmatrix}, \ \cdots, \ e_n = \begin{pmatrix} 0 \\ \vdots \\ 0 \\ 1 \end{pmatrix}$$

を取り，

$$W^- = \boldsymbol{R} e_{r+1} \oplus \cdots \oplus \boldsymbol{R} e_n$$

とおく．グラスマン多様体

$$M = \{\boldsymbol{R}^n \text{ の } s \text{ 次元部分空間}\} = \{gW^- \mid g \in G\}$$

を考えると，$G_{W^-} = L$ であることがわかる．よって，

$$M \cong G/L$$

である．$g \in G$ を

$$g = \begin{pmatrix} A & B \\ C & D \end{pmatrix}$$

(A は $p \times r$ 行列, B は $p \times s$ 行列, C は $q \times r$ 行列, D は $q \times s$ 行列)と表そう.

$$gW^- = \boldsymbol{R}ge_{r+1} \oplus \cdots \oplus \boldsymbol{R}ge_n, \quad (ge_{r+1} \ \cdots \ ge_n) = \begin{pmatrix} B \\ D \end{pmatrix}$$

であり, $V^+ = \boldsymbol{R}e_1 \oplus \cdots \oplus \boldsymbol{R}e_p$, $V^- = \boldsymbol{R}e_{p+1} \oplus \cdots \oplus \boldsymbol{R}e_n$ とおけば, $B: W^- \mapsto V^+$, $D: W^- \mapsto V^-$ である.

$$\begin{pmatrix} P & 0 \\ 0 & Q \end{pmatrix} \begin{pmatrix} A & B \\ C & D \end{pmatrix} \begin{pmatrix} R & 0 \\ 0 & S \end{pmatrix} = \begin{pmatrix} PAR & PBS \\ QCR & QDS \end{pmatrix}$$

であるから, W^-, V^+, V^- の正規直交基底を取りかえることにより, 線形写像 B, D がそれぞれ行列

$$\begin{pmatrix} d(\sin\theta_1, \cdots, \sin\theta_s) \\ 0 \end{pmatrix}, \quad \begin{pmatrix} 0 \\ d(\cos\theta_1, \cdots, \cos\theta_s) \end{pmatrix}$$

で表現されることを示せばよい.

${}^t gg = I_n$ より,

$${}^t BB + {}^t DD = I_s$$

である. ${}^t DD$ は対称行列であるから, ある $S \in O(s)$ が存在して,

$${}^t S \, {}^t DD S = \begin{pmatrix} \lambda_1 & & 0 \\ & \ddots & \\ 0 & & \lambda_s \end{pmatrix}, \quad {}^t S \, {}^t BB S = \begin{pmatrix} 1-\lambda_1 & & 0 \\ & \ddots & \\ 0 & & 1-\lambda_s \end{pmatrix}$$

となる. ところが, ${}^t DD$, ${}^t BB$ は半正定値であるから, $0 \leq \lambda_i \leq 1$. 固有値を大きさの順に並べて,

$$0 \leq \lambda_1 \leq \cdots \leq \lambda_s \leq 1$$

としてよい. ($0 = \lambda_{s_0} < \lambda_{s_0+1}$, $\lambda_{s_1} < \lambda_{s_1+1} = 1$ としよう.) $w_i = Se_{r+i}$ とおくと, $w_1, \cdots, w_s$ は W^- の正規直交基底であり,

$${}^t DD w_i = \lambda_i w_i, \quad {}^t BB w_i = (1-\lambda_i) w_i$$

が成り立つ.

$$v_i = \frac{1}{\sqrt{1-\lambda_i}} B w_i \quad (i = 1, \cdots, s_1)$$

とおくと, $v_1, \cdots, v_{s_1}$ は V^+ の正規直交系であることがわかる. これを含むよ

うに V^+ の正規直交基底 $v_1, \cdots, v_p$ を取れば,線形写像 B は行列

$$\begin{pmatrix} d(\sqrt{1-\lambda_1}, \cdots, \sqrt{1-\lambda_s}) \\ 0 \end{pmatrix}$$

によって表現される. ($i > s_1$ のときは, $(Bw_i, Bw_i) = (w_i, {}^tBBw_i) = 0$ だから, $Bw_i = 0$ である.) $i = s_0+1, \cdots, s$ に対し,

$$v_{r+i} = \frac{1}{\sqrt{\lambda_i}} Dw_i$$

とおくと, $v_{r+s_0+1}, \cdots, v_n$ は V^- の正規直交系であることがわかる.これを含むように V^- の正規直交基底 $v_{p+1}, \cdots, v_n$ を取れば,線形写像 D は行列

$$\begin{pmatrix} 0 \\ d(\sqrt{\lambda_1}, \cdots, \sqrt{\lambda_s}) \end{pmatrix}$$

によって表現される. $\sqrt{1-\lambda_i} = \sin\theta_i$, $\sqrt{\lambda_i} = \cos\theta_i$ とおけば証明が完結する.(両側剰余類 HgL に対し固有値 $\lambda_1, \cdots, \lambda_s$ ($0 \leq \lambda_1 \leq \cdots \leq \lambda_s \leq 1$) が一意的に決まることに注意すれば, disjoint union であることもわかる.) □

問 6 $G = O(4)$, $H = L = \left\{ \begin{pmatrix} P & 0 \\ 0 & Q \end{pmatrix} \middle| P, Q \in O(2) \right\}$,

$$a(\theta_1, \theta_2) = \begin{pmatrix} \cos\theta_1 & 0 & \sin\theta_1 & 0 \\ 0 & \cos\theta_2 & 0 & \sin\theta_2 \\ -\sin\theta_1 & 0 & \cos\theta_1 & 0 \\ 0 & -\sin\theta_2 & 0 & \cos\theta_2 \end{pmatrix}$$

とする.次の $g \in G$ に対し, $g = ha\ell$ となる $h, \ell \in H$, $a = a(\theta_1, \theta_2)$ を 1 組与えよ.

(1) $\dfrac{1}{2} \begin{pmatrix} 1 & 1 & 1 & 1 \\ 1 & 1 & -1 & -1 \\ 1 & -1 & 1 & -1 \\ 1 & -1 & -1 & 1 \end{pmatrix}$

(2) $\begin{pmatrix} 1 & 0 & 0 & 0 \\ 0 & 1/2 & 1/2 & 1/\sqrt{2} \\ 0 & 1/2 & 1/2 & -1/\sqrt{2} \\ 0 & 1/\sqrt{2} & -1/\sqrt{2} & 0 \end{pmatrix}$

注意 （1） $s=1$ のとき，直線 gW^- と V^- のなす角 θ $(0 \leq \theta \leq \pi/2)$ を考えればよい（n 次元ユークリッド幾何）．**問**：$s>1$ のときも同様の幾何学的解釈ができるか？

（2） $GL(p, \boldsymbol{F}) \times GL(q, \boldsymbol{F}) \backslash GL(n, \boldsymbol{F}) / GL(r, \boldsymbol{F}) \times GL(s, \boldsymbol{F})$ （$\boldsymbol{F}$ は"任意"の体）についても同様に線形代数によって解ける（[2]Theorem 1）．1992年秋に得られたこの結果をもとにして，この方面の研究が進展した．

4 リー群とリー環入門

リー群とは群の構造を持つ多様体のことであるが，ここでは，$GL(n, \boldsymbol{R})$ （または $GL(n, \boldsymbol{C})$）の部分群であるもの（線形リー群）のみを考えよう．

4.1 $G = GL(n, \boldsymbol{R})$ について

$G = GL(n, \boldsymbol{R}) = \{g \in n \times n \text{ 実行例} \mid \det g \neq 0\}$，$\mathfrak{g} = \mathfrak{gl}(n, \boldsymbol{R}) = \{n \times n \text{ 実行例}\}$ とおく．指数写像（exponential map）$\exp : \mathfrak{g} \to G$ が次で定義される．

$$\exp X = e^X = I_n + X + \frac{1}{2!}X^2 + \cdots + \frac{1}{n!}X^n + \cdots$$

（これは任意の $X \in \mathfrak{g}$ に対し絶対収束する．**問**：これを証明せよ．）

命題 4.1 （ⅰ）$XY = YX$ ならば，$\exp(X+Y) = \exp X \exp Y$

（ⅱ）$\dfrac{d}{dt} \exp tX = X \exp tX = (\exp tX) X$ $\quad (t \in \boldsymbol{R})$

（**問**：これを証明せよ．）

$\exp$ は解析的写像であり，$Y - I_n$ が小さいとき，その逆写像 $\log$ が

$$\log Y = (Y - I_n) - \frac{1}{2}(Y - I_n)^2 + \frac{1}{3}(Y - I_n)^3 - \cdots$$

によって定義できる．よって，$\exp$ は $\mathfrak{g}$ の 0 の近傍から G の I_n の近傍への解析的微分同型を与える．

命題 4.2 $g \in G$，$X \in \mathfrak{g}$ に対し，

$$\exp(gXg^{-1}) = g(\exp X)g^{-1} \qquad (証明容易)$$

記号 $\mathrm{Ad}(g)X = gXg^{-1}$ という記号を用いる．(G は $\mathfrak{g}$ に左から作用する．)

$$\mathrm{Ad}(\exp tX)\,Y = (\exp tX)\,Y\exp(-tX)$$

という式について，これを t について微分すると

$$\frac{d}{dt}\mathrm{Ad}(\exp tX)\,Y$$
$$= (\exp tX)XY\exp(-tX) - (\exp tX)YX\exp(-tX)$$
$$= (\exp tX)(XY - YX)\exp(-tX)$$

定義 $X, Y \in \mathfrak{g}$ に対し，$\mathrm{ad}(X)\,Y = [X, Y] = XY - YX$ と表す．(X と Y の括弧積と呼ばれる．一般に，次の命題の条件を満たす括弧積を持つベクトル空間が"リー環"と呼ばれる．)

命題 4.3 （ⅰ） $[Y, X] = -[X, Y]$
（ⅱ） $[[X, Y], Z] + [[Y, Z], X] + [[Z, X], Y] = 0$ （ヤコビ律）
（ⅱ′） $\mathrm{ad}[X, Y] = \mathrm{ad}(X)\mathrm{ad}(Y) - \mathrm{ad}(Y)\mathrm{ad}(X)$ （(ⅱ)と同値）

$\mathfrak{g}$ 上の双 1 次形式 $B(\ ,\ )$ (簡易型) $X = (x_{ij})$, $Y = (y_{ij}) \in \mathfrak{g}$ に対し，

$$B(X, Y) = \mathrm{tr}\,XY = \mathrm{tr}\,YX = \sum_{i=1}^{n}\sum_{j=1}^{n} x_{ij}y_{ji}$$

と定義すると，$B(\ ,\ )$ は $\mathfrak{g}$ 上の対称双 1 次形式であり，

$$B(\mathrm{Ad}(g)X, \mathrm{Ad}(g)Y) = B(gXg^{-1}, gYg^{-1}) = B(X, Y)$$

(G 不変性)が成り立つ．$g = \exp tZ$ とおいて，$t = 0$ で微分すると

$$B([Z, X], Y) + B(X, [Z, Y]) = 0$$

が得られる．($B([X, Z], Y) = B(X, [Z, Y])$ と書くと覚えやすい．)

注意 本来の $B(\ ,\ )$ (Killing form)は

$$B(X, Y) = \operatorname{tr} \operatorname{ad}(X) \operatorname{ad}(Y)$$
で与えられる．

4.2 閉部分群

H は $G = GL(n, \mathbf{R})$ の部分群であって，かつ閉部分多様体であるとする．このとき，H は G の閉部分群であるという．H の単位元 $e = I_n$ における接空間 $\mathfrak{h} = T_e(H)$ は自然に $\mathfrak{g} = T_e(G)$ の部分空間と見なせる．

命題 4.4 （ⅰ） $\exp \mathfrak{h} \subset H$
（ⅱ） $g \in H$, $X \in \mathfrak{h}$ のとき $\operatorname{Ad}(g) X \in \mathfrak{h}$
（ⅲ） $X, Y \in \mathfrak{h}$ のとき $[X, Y] \in \mathfrak{h}$
(よって，$\mathfrak{h}$ は $\mathfrak{g}$ の"リー部分環"である．$\mathfrak{h}$ は H のリー環と呼ばれる．)

証明 （ⅰ） 接ベクトル $X \in \mathfrak{h}$ を G の左からの作用によって動かして，G 上の左不変ベクトル場が得られる．命題 4.1 の (2) は曲線 $t \mapsto \exp tX$ がこのベクトル場の積分曲線であることを示している．H 上の各点でこのベクトル場は H に接しているので，常微分方程式の解の一意性により，$\exp tX \in H$ である．（右不変ベクトル場を用いてもできる．）

（ⅱ） 命題 4.2 により，
$$\exp t(\operatorname{Ad}(g) X) = g(\exp tX) g^{-1} \in H \qquad (t \in \mathbf{R})$$
よって，$\operatorname{Ad}(g) X \in \mathfrak{h}$

（ⅲ） (1), (2) により，$\operatorname{Ad}(\exp tX) Y \in \mathfrak{h}$．これを $t = 0$ において微分すれば
$$[X, Y] \in \mathfrak{h}$$
となる． □

注意 逆に $\mathfrak{h}$ を $\mathfrak{g}$ のリー部分環とすると，$\exp \mathfrak{h}$ で生成される G の（連結）部分群 H が定義できる（$\mathfrak{h}$ に対する解析的部分群と呼ばれる）が，閉部分群にならないこともある．問：そのような例をあげよ．（2 次元トーラス $G = S^1 \times S^1 \cong \mathbf{R}^2 / \mathbf{Z}^2$ の 1 次元部分群を考える．）

例 4.1 $H = O(n) = \{g \in G \mid g\,{}^t g = I_n\}$ のリー環 $\mathfrak{h}$ を求めよう。$X \in \mathfrak{h}$ とすると、

$$\exp tX \,{}^t(\exp tX) = \exp tX \exp t\,{}^tX = I_n$$

これを t で微分すると

$$(\exp tX)X \exp t\,{}^tX + (\exp tX)\,{}^tX \exp t\,{}^tX = 0$$

$$\therefore \quad X + {}^tX = 0, \quad {}^tX = -X$$

逆に、${}^tX = -X$ のとき、

$$\exp X \,{}^t(\exp X) = \exp X \exp {}^tX = \exp X \exp(-X) = I_n$$

よって、

$$\mathfrak{h} = \{X \in \mathfrak{g} \mid {}^tX = -X\} = \{n \text{ 次実交代行列}\}$$

が示された。

$\mathfrak{q} = \{X \in \mathfrak{g} \mid {}^tX = X\} = \{n \text{ 次実対称行列}\}$ とおくと、

$$\mathfrak{g} = \mathfrak{h} \oplus \mathfrak{q}$$

である。

命題 4.5 $B(\ ,\ )$ は $\mathfrak{h}$ 上負定値、$\mathfrak{q}$ 上正定値であり、$B(\mathfrak{h}, \mathfrak{q}) = \{0\}$

問: これを証明せよ。(容易)

4.3 準同型

2つのリー群 G, G' (G, G' は適当な一般線形群の閉部分群とする)に対し、群の準同型

$$f : G \longrightarrow G'$$

が多様体の解析的(微分可能)写像であるとき、リー群の準同型という。f によって $\mathfrak{g} = T_e(G)$ から $\mathfrak{g}' = T_e(G')$ への線形写像が定まる(f の微分)。これを同じ文字 f で表す。

命題 4.6 (i) $X \in \mathfrak{g}$, $t \in \mathbf{R}$ に対し、$f(\exp tX) = \exp tf(X)$
(ii) $f(\mathrm{Ad}(g)X) = \mathrm{Ad}(f(g))f(X)$ for $g \in G$, $X \in \mathfrak{g}$
(iii) $f([X, Y]) = [f(X), f(Y)]$ for $X, Y \in \mathfrak{g}$

証明 （ⅰ） 両辺の曲線が $e \in G'$ で接し，ともに G' の "1係数部分群"（連結1次元部分群）であるから，一致する．（命題4.1の(2)の常微分方程式の解の一意性）

(ⅱ), (ⅲ)は(ⅰ)を用いて，容易（命題4.4と同様）． □

$\sigma: G \to G$ を G の自己同型とする．（同型 ＝ 全単射準同型）
$$H = G^\sigma = \{g \in G \mid \sigma(g) = g\}$$
とおくと，H は G の閉部分群である．σ の微分を $\sigma: \mathfrak{g} \to \mathfrak{g}$ とし，
$$\mathfrak{h} = \mathfrak{g}^\sigma = \{X \in \mathfrak{g} \mid \sigma(X) = X\}$$
とおくと，容易に $\mathfrak{h}$ は H のリー環であることがわかる．

例 4.2 $G = GL(n, \boldsymbol{R})$，$\sigma(g) = {}^t g^{-1}$ のとき，$H = G^\sigma = O(n)$ である．σ の微分を求めよう．$X \in \mathfrak{g}$ に対し，
$$\sigma(\exp tX) = {}^t(\exp tX)^{-1} = \exp(-t\,{}^tX)$$
であるから，$\sigma X = -{}^tX$ である．よって，$\mathfrak{h} = \mathfrak{g}^\sigma = \{X \in \mathfrak{g} \mid {}^tX = -X\}$（例 4.1 と一致した．）

定義 リー群 G の自己同型 σ が $\sigma \circ \sigma = \mathrm{id}$（id は恒等写像(identity)）を満たすとき，G の involution という．（例：$\sigma g = {}^t g^{-1}$）

問 7 $G = GL(2, \boldsymbol{R})$ に対し，$\sigma: G \to G$ を次で与える．
$$\sigma(g) = I_{1,1} {}^t g^{-1} I_{1,1} \quad \left(I_{1,1} = \begin{pmatrix} 1 & 0 \\ 0 & -1 \end{pmatrix} \right)$$
$H = G^\sigma = O(1,1)$ とする．

（1） σ の微分 $\sigma: \mathfrak{g} \to \mathfrak{g}$ を求めよ．
（2） $\mathfrak{h} = \mathfrak{g}^\sigma = \mathfrak{o}(1,1)$ を求めよ．
（3） H の単位元を含む連結成分を H_0 で表すとき，
$$\exp: \mathfrak{h} \to H_0$$
は全単射であることを示せ．（この問題の特殊事情）
（4） $H = H_0 \cup I_{1,1} H_0 \cup (-I_{1,1}) H_0 \cup (-I_2) H_0$ を示せ．（注：一般に H_0

は H の正規部分群になる.)

問 8 $G = SL(2, \mathbf{R}) = \{g \in GL(2, \mathbf{R}) \,|\, \det g = 1\}$,
$\mathfrak{g} = \mathfrak{sl}(2, \mathbf{R}) = \{X \in \mathfrak{gl}(2, \mathbf{R}) \,|\, \mathrm{tr}\, X = 0\}$
$= \left\{ \begin{pmatrix} a & b \\ c & -a \end{pmatrix} \,\middle|\, a, b, c \in \mathbf{R} \right\}$

について,
（1） $\exp \mathfrak{g} \neq G$ を示せ.
（2） G は $\exp \mathfrak{g}$ で生成されることを示せ.

5 対称空間

リー群 G に involution $\sigma : G \to G$ が与えられているとする．H を
$$(G^\sigma)_0 \subset H \subset G^\sigma$$
を満たす G の部分群とするとき，等質空間 $M = G/H$ は（一般の）対称空間と呼ばれる．$\mathfrak{h} = \mathfrak{g}^\sigma = \{X \in \mathfrak{g} \,|\, \sigma X = X\}$, $\mathfrak{q} = \mathfrak{g}^{-\sigma} = \{X \in \mathfrak{g} \,|\, \sigma X = -X\}$ とおくと，$\mathfrak{h}$ は H のリー環であり，
$$\mathfrak{g} = \mathfrak{h} \oplus \mathfrak{q}$$
である．(**問**：$[\mathfrak{h}, \mathfrak{h}] \subset \mathfrak{h}$, $[\mathfrak{h}, \mathfrak{q}] \subset \mathfrak{q}$, $[\mathfrak{q}, \mathfrak{q}] \subset \mathfrak{h}$ を示せ.)

注意 （1） $T_{eH}(M) \cong \mathfrak{q}$ に H 不変正定値内積 $(\,,\,)$ が入るとき（H がコンパクトなら O.K.），M をリーマン対称空間という．（$(\,,\,)$ を G の作用によって M 上のすべての点に移すことにより M 上の G 不変な"リーマン計量" $(\,,\,)$ が定義できる．）
（2） （リーマン幾何の一般論）リーマン多様体 M 上の曲線 $C : t \mapsto m_t$ $(a \leq t \leq b)$ について，その長さ $\ell(C)$ が次で定義される．
$$\ell(C) = \int_a^b \sqrt{(m_t', m_t')}\, dt$$
M 上の 2 点 A, B を結ぶ曲線 C のうち $\ell(C)$ が最小になるものを $(A, B$ を結ぶ）測地線という．

任意の測地線が $-\infty < t < \infty$ に延ばせるとき，リーマン多様体 M は完備であるという．（これは，M が距離空間として完備であることと同値である．）

命題 等質リーマン多様体 $M = G/H$ は完備である．（明らか．なぜなら，$g \in G$ の作用は isometry と仮定しているので，測地線はいくらでも延ばせる．）

定理 連結完備リーマン多様体の任意の2点を結ぶ測地線が存在する．

（3） リーマン対称空間 $M = G/H$ について，次のことが知られている．

命題 $gH \in G/H$ を通る任意の測地線 $\{m_t | t \in \mathbf{R}\}$ はある $X \in \mathfrak{g}$ によって
$$m_t = g(\exp tX)H$$
と書ける．

$G \subset GL(n, \mathbf{R})$ とし，G, σ について，次のどちらかの条件が成り立つと仮定する．
（1） $G \subset O(n)$ （コンパクト型）
（2） $\sigma(g) = {}^t g^{-1}$ for $g \in G$ （ノンコンパクト型）
どちらの場合も $H \subset O(n)$ であるので，$M = G/H$ はリーマン対称空間である．$\mathfrak{a}$ を $\mathfrak{q}$ の1つの極大可換部分空間とし，$Y \in \mathfrak{a}$ を "regular element" すなわち，
$$X \in \mathfrak{q},\ [X, Y] = 0 \Longrightarrow X \in \mathfrak{a}$$
とする．（regular element Y の存在は後ほど7節で示す．）

命題 5.1 $\mathfrak{q} = \mathrm{Ad}(H)\mathfrak{a}$

証明 任意の $X \in \mathfrak{q}$ に対して，H 上の解析的関数
$$f(h) = B(\mathrm{Ad}(h)X, Y)$$
を考える．H はコンパクトだから $f(h)$ が極値（最大または最小でよい）を取る

$h \in H$ が存在する．$X' = \mathrm{Ad}(h)X$ とおくと，任意の $Z \in \mathfrak{h}$ に対し，
$$t \longmapsto f((\exp tZ)h) = B(\mathrm{Ad}(\exp tZ)X', Y)$$
が $t = 0$ において極値を取るので，$t = 0$ で微分して
$$B([Z, X'], Y) = 0$$
よって，
$$B(Z, [X', Y]) = 0$$
$B(\ ,\ )$ は $\mathfrak{h}$ 上負定値だから，$[X', Y] = 0$ ∴ $X' \in \mathfrak{a}$ □

$A = \exp \mathfrak{a}$ とおく．

定理 5.2 G が連結のとき，$G = HAH$

証明 注意 (2), (3) により，任意の $g \in G$ は
$$g = (\exp X)h \quad (X \in \mathfrak{a},\ h \in H)$$
と書ける．命題 5.1 により，
$$X = \mathrm{Ad}(h')Y \quad (h' \in H,\ Y \in \mathfrak{a})$$
と書ける．よって，
$$g = (\exp X)h = \exp(\mathrm{Ad}(h')Y)h = h'(\exp Y)h'^{-1}h \in HAH \quad □$$

例 (1) (2 節) $G = GL(n, \boldsymbol{R})$, $H = O(n)$ について，
$$\mathfrak{a} = \left\{ \begin{pmatrix} c_1 & & 0 \\ & \ddots & \\ 0 & & c_n \end{pmatrix} \middle| c_i \in \boldsymbol{R} \right\}$$
とおけば，
$$\exp \begin{pmatrix} c_1 & & 0 \\ & \ddots & \\ 0 & & c_n \end{pmatrix} = \begin{pmatrix} e^{c_1} & & 0 \\ & \ddots & \\ 0 & & e^{c_n} \end{pmatrix}$$
だから，

$$A = \exp\mathfrak{a} = \left\{ \begin{pmatrix} a_1 & & 0 \\ & \ddots & \\ 0 & & a_n \end{pmatrix} \middle| a_i > 0 \right\}$$

である．

（2） 3節において $q = s$ の場合，

$$Y(\theta_1, \cdots, \theta_s) = \begin{pmatrix} 0 & & d(\theta_1, \cdots, \theta_s) \\ & 0 & \\ -d(\theta_1, \cdots, \theta_s) & & 0 \end{pmatrix}$$

$$\mathfrak{a} = \{ Y(\theta_1, \cdots, \theta_s) \mid \theta_i \in \mathbf{R} \}$$

とおけば，

$$a(\theta_1, \cdots, \theta_s) = \exp Y(\theta_1, \cdots, \theta_s), \quad A = \exp\mathfrak{a}$$

となる．

6 主定理（コンパクトのとき）

$G \subset O(n)$，σ, τ は G の involution とし，

$$(G^\sigma)_0 \subset H \subset G^\sigma, \quad (G^\tau)_0 \subset L \subset G^\tau$$

とする．さらに，

$$B(\sigma X, \sigma Y) = B(\tau X, \tau Y) = B(X, Y) \quad \text{for} \quad X, Y \in \mathfrak{g}$$

を仮定する．リー環 $\mathfrak{g}$ の σ, τ に関する $+1, -1$ 固有空間分解は，

$$\mathfrak{g} = \mathfrak{g}^\sigma \oplus \mathfrak{g}^{-\sigma} = \mathfrak{g}^\tau \oplus \mathfrak{g}^{-\tau}$$

と書ける．$\mathfrak{a}$ を $\mathfrak{g}^{-\sigma} \cap \mathfrak{g}^{-\tau}$ の1つの極大可換部分空間とし，$A = \exp\mathfrak{a}$ とおく．

注意 [1]では σ と τ の可換性 $\sigma\tau = \tau\sigma$ を仮定している．この仮定をはずすことによって，次の定理の証明が，非常に明解になった．5節の注意のリーマン幾何の定理も使う必要がなくなったのである．

定理 6.1（[1], [3]） $G = HG_0L$ のとき，

$$G = HAL$$

補題 $V = \boldsymbol{R}^m$, σ, τ は V の線形同型で $\sigma \circ \sigma = \tau \circ \tau = \mathrm{id}$ とする. $\sigma, \tau \in O(m)$ ならば,
$$V = (V^\sigma + V^\tau) \oplus (V^{-\sigma} \cap V^{-\tau}) \tag{6.1}$$

問9 (1) この補題を証明せよ.
(2) $\sigma, \tau \in O(m)$ でないとき, (6.1)が成り立たない例をあげよ. ($m=2$ で考えよ.)

注意 $\sigma, \tau \in O(m)$ でなくても, $\sigma\tau$ が半単純の条件で(6.1)は成り立つ ([3]).

定理6.1の証明 $G = HG_0 L$ だから, G_0 の任意の元 g を $g = ha\ell$ ($h \in H$, $a \in A$, $\ell \in L$) と表せばよい. よって, $G = G_0$ と仮定してよい. 集合 HAL が G の中で開かつ閉を示せばよい. (G の連結性!)

(I) $(G^{\sigma\tau}, H \cap L)$ は対称対である. ($G^{\sigma\tau}/(H \cap L)$ は対称空間)
$g \in G^{\sigma\tau}$ とすると,
$$\sigma\tau(\sigma(g)) = \sigma(\tau\sigma)(g) = \sigma(\sigma\tau)^{-1}(g) = \sigma(g)$$
よって $\sigma(g) \in G^{\sigma\tau}$
$$\therefore \quad \sigma(G^{\sigma\tau}) = G^{\sigma\tau}$$
$(G^{\sigma\tau})^\sigma = G^\sigma \cap G^\tau$, $(G^\sigma \cap G^\tau)_0 \subset H \cap L \subset G^\sigma \cap G^\tau$ だから, $(G^{\sigma\tau}, H \cap L)$ は対称対である. $((\mathfrak{g}^{\sigma\tau})^{-\sigma} = \mathfrak{g}^{-\sigma} \cap \mathfrak{g}^{-\tau}$ に注意)

(II) A はコンパクト対称対 $(G^{\sigma\tau}, H \cap L)$ の極大トーラスだから, コンパクト. HAL はコンパクト集合 $H \times A \times L$ の連続写像(リー群の積写像は解析的)による像だからコンパクト. G はハウスドルフ空間だから, HAL は G の閉集合である.

(III) (I)に命題5.1を適用すると,
$$\mathfrak{g}^{-\sigma} \cap \mathfrak{g}^{-\tau} = \mathrm{Ad}(H \cap L)\mathfrak{a}$$
である. よって,
$$HAL = H(\exp \mathfrak{a})L$$
$$= H(\exp \mathrm{Ad}(H \cap L)\mathfrak{a})L$$

$$= H(\exp(\mathfrak{g}^{-\sigma} \cap \mathfrak{g}^{-\tau}))L$$

(Ⅳ) 補題により，$\mathfrak{g} = \mathfrak{g}^{\sigma} + \mathfrak{g}^{\tau} + (\mathfrak{g}^{-\sigma} \cap \mathfrak{g}^{-\tau})$

(Ⅲ)と(Ⅳ)により，HAL は e の開近傍を含む．

(Ⅴ) 任意の $a \in A$ に対し，HAL が a の開近傍を含むことを示そう．$HALa^{-1} = HAaLa^{-1}$ が e の開近傍を含むことを示せばよい．G の involution τ' を

$$\tau'(g) = a\tau(a^{-1}ga)a^{-1} \qquad (g \in G)$$

で定義すると，$(G^{\tau'})_0 \subset aLa^{-1} \subset G^{\tau'}$ が成り立つ．$\mathfrak{g}^{-\tau'} = \mathrm{Ad}(a)\mathfrak{g}^{-\tau}$ であるから，

$$\mathfrak{a} \subset \mathfrak{g}^{-\sigma} \cap \mathfrak{g}^{-\tau'}$$

がわかる．極大可換であることも容易にわかる．(Ⅲ)と(Ⅳ)は σ と τ' の組についても成り立つので，$HAaLa^{-1}$ は e の開近傍を含む．(**注**：σ と τ' の可換性などはまったく仮定できないので，ここに，この証明の優位性がある．)

(Ⅵ) 任意の $ha\ell \in HAL$ に対し，(Ⅴ)により，HAL は a のある開近傍 V を含む．よって，$ha\ell$ の開近傍 $hV\ell$ が HAL に含まれる．以上により，HAL が G の開集合であることが示された． □

"ワイル群"の一般化

$$N_A = \{(h, \ell) \in H \times L \mid hA\ell^{-1} = A\}$$
$$Z_A = \{(h, \ell) \in H \times L \mid ha\ell^{-1} = a \text{ for all } a \in A\}$$

とおくと，Z_A は N_A の正規部分群であり，したがって，

$$J = N_A / Z_A$$

は群である．

$$J \times A \ni (j, a) \longmapsto j \cdot a = ha\ell^{-1} \in A$$

(ただし，$j = (h, \ell)Z_A$)によって，J は A に左から作用する．A 上の J 軌道の集合を $J \backslash A$ で表す．

注意 (1) (ワイル群) 一般に，G の部分集合 A と部分群 H に対し，次のものが定義される．

$$N_H(A) = \{h \in H \,|\, hAh^{-1} = A\}$$
$$: A \text{ の } H \text{ における正規化群(normalizer)}$$
$$Z_H(A) = \{h \in H \,|\, hah^{-1} = a \text{ for all } a \in A\}$$
$$: A \text{ の } H \text{ における中心化群(centralizer)}$$
$$W_H(A) = N_H(A)/Z_H(A) : A \text{ の } H \text{ におけるワイル群}$$

今までのリー群論では，このようなワイル群だけが用いられてきた．上記の H_A, Z_A, J は新しい考え方である．

（2） 群 J は [1] で定義された．N_A, Z_A を用いた定式化は [3] でなされた．

（3） $(h, \ell) \in N_A$ に対し，
$$h\ell^{-1} = he\ell^{-1} \in A, \quad hA\ell^{-1} = hAh^{-1}h\ell^{-1}$$
であるから，$hAh^{-1} = A$，$\therefore\ h \in N_H(A)$

（4） $W_H(A) \cong W_{H \cap L}(A)$ ならば，(3) により，
$$J \cong W_H(A) \ltimes J_0$$
(ただし，$J_0 = Z_H(A)Z_L(A) \cap A)$) であることがわかる．

（5） $H = L$ のとき，
$$J \cong W_H(A) \ltimes J_0, \quad J_0 = A \cap H$$
さらに $H = G^\sigma$ なら，
$$J_0 = \{a \in A \,|\, a^2 = e\}$$

定理 6.2([3])　$J \backslash A \cong H \backslash G / L$

証明　$a, b \in A,\ b = ha\ell^{-1}\ (h \in H,\ \ell \in L)$ とするとき，
$$b = h'a\ell'^{-1}$$
となる $(h', \ell') \in N_A$ が存在することを示せばよい．

$ha = b\ell$ だから，
$$\mathfrak{a}' = \mathrm{Ad}(h)\mathfrak{a}$$
とおくと $\mathfrak{a}' = \mathrm{Ad}(b\ell)\mathfrak{a}$ である．$\mathrm{Ad}(h)\mathfrak{a} \subset \mathfrak{g}^{-\sigma}$, $\mathrm{Ad}(b\ell)\mathfrak{a} \subset \mathrm{Ad}(b)\mathfrak{g}^{-\tau}$ だから，
$$\mathfrak{a}' \subset \mathfrak{g}^{-\sigma} \cap \mathrm{Ad}(b)\mathfrak{g}^{-\tau} (= \mathfrak{z} \text{ とおく.})$$
$\dim \mathfrak{a}' = \dim \mathfrak{a}$ であり，$\mathfrak{a}$ は $\mathfrak{z}$ の極大可換部分空間だから，$\mathfrak{a}'$ も $\mathfrak{z}$ の極大可換

部分空間である．対称対 $(G^{\sigma\tau'},\ H \cap bLb^{-1})$ $(\tau' = \mathrm{Ad}(b)\tau\mathrm{Ad}(b)^{-1})$ を考えれば，命題 5.1 により，$x \in H \cap bLb^{-1}$ が存在して，
$$\mathrm{Ad}(x)\mathfrak{a}' = \mathfrak{a}$$
となる．$h' = xh \in H$，$\ell' = b^{-1}xb\ell \in L$ とおけば，
$$\begin{aligned}h'A\ell'^{-1} &= xhA\ell^{-1}b^{-1}x^{-1}b \\ &= xhAa^{-1}h^{-1}x^{-1}b \\ &= xA'x^{-1}b \\ &= Ab = A\end{aligned}$$
$$h'a\ell'^{-1} = xha\ell^{-1}b^{-1}x^{-1}b = xb\ell\ell^{-1}b^{-1}x^{-1}b = b$$
となる． □

例(3 節) $\mathfrak{g} = \mathfrak{o}(n) = \{X \in \mathfrak{gl}(n,\boldsymbol{R}) \mid {}^tX = -X\}$,
$$\sigma X = I_{p,q}XI_{p,q}, \qquad \tau X = I_{r,s}XI_{r,s} \quad \text{for} \quad X \in \mathfrak{g}$$
とすると，
$$\mathfrak{g}^\sigma = \left\{\begin{pmatrix} P & 0 \\ 0 & Q \end{pmatrix} \middle| P \in \mathfrak{o}(p),\ Q \in \mathfrak{o}(q) \right\}$$
$$\mathfrak{g}^{-\sigma} = \left\{\begin{pmatrix} 0 & T \\ -{}^tT & 0 \end{pmatrix} \middle| T \text{ は } p \times q \text{ 行列} \right\}$$
($\mathfrak{g}^\tau, \mathfrak{g}^{-\tau}$ についても同様)であるので，
$$\mathfrak{g}^{-\sigma} \cap \mathfrak{g}^{-\tau} = \left\{\begin{pmatrix} 0 & & T \\ & 0 & \\ -{}^tT & & 0 \end{pmatrix} \middle| T \text{ は } p \times s \text{ 行列} \right\}$$
となる．($r \geqq p \geqq q \geqq s$ を仮定している．) その 1 つの極大可換部分空間として
$$\mathfrak{a} = \{Y(\theta_1, \cdots, \theta_s) \mid \theta_i \in \boldsymbol{R}\}$$
が取れる．ただし，
$$Y(\theta_1, \cdots, \theta_s) = \begin{pmatrix} 0 & & d(\theta_1, \cdots, \theta_s) \\ & 0 & \\ -d(\theta_1, \cdots, \theta_s) & & 0 \end{pmatrix}$$
である．

$$a(\theta_1, \cdots, \theta_s) = \exp Y(\theta_1, \cdots, \theta_s), \quad A = \exp \mathfrak{a}$$

は 3 節で与えたものと一致する.

次に群 J を求めよう. まず, $W_L(A) = W_L(\mathfrak{a}) = N_L(\mathfrak{a})/Z_L(\mathfrak{a})$ を調べよう.

$$Z_L(\mathfrak{a}) = \left\{ \begin{pmatrix} d(\varepsilon) & & 0 \\ & g & \\ 0 & & d(\varepsilon) \end{pmatrix} \middle| g \in O(n-2s), \ \varepsilon = (\varepsilon_1, \cdots, \varepsilon_s) \in \{\pm 1\}^s \right\}$$

であることは容易にわかる. $p \in S_s$ (s 次対称群)に対し, $s \times s$ 行列 $P = (p_{ij})$ を

$$p_{ij} = \begin{cases} 1 & (i = p(j)) \\ 0 & (i \neq p(j)) \end{cases}$$

(置換行列)で定義し,

$$w_p = \begin{pmatrix} P & & 0 \\ & I_{n-2s} & \\ 0 & & P \end{pmatrix}$$

とおくと,

$$\mathrm{Ad}(w_p) Y(\theta_1, \cdots, \theta_s) = Y(\theta_{p^{-1}(1)}, \cdots, \theta_{p^{-1}(s)})$$

である. また, $\varepsilon = (\varepsilon_1, \cdots, \varepsilon_s) \in \{\pm 1\}^s$ に対し,

$$w_\varepsilon = \begin{pmatrix} d(\varepsilon) & 0 \\ 0 & I_{n-s} \end{pmatrix}$$

とおくと,

$$\mathrm{Ad}(w_\varepsilon) Y(\theta_1, \cdots, \theta_s) = Y(\varepsilon_1 \theta_1, \cdots, \varepsilon_s \theta_s)$$

である. ($\therefore w_p, w_\varepsilon \in N_L(\mathfrak{a})$) G の部分群 W を

$$W = \{w_p | p \in S_s\} \ltimes \{w_\varepsilon | \varepsilon \in \{\pm 1\}^s\}$$

(B_s 型ワイル群, $|W| = 2^s s!$)で定義すると, 容易に

$$W_L(\mathfrak{a}) \cong W$$

がわかる. $W \subset H \cap L$ であるので,

$$W_{H \cap L}(\mathfrak{a}) \cong W_H(\mathfrak{a}) \cong W_L(\mathfrak{a})$$

である. よって, 注意の(4)により,

$$J \cong C \ltimes J_0$$

である. $Z_H(\mathfrak{a}) = Z_L(\mathfrak{a}) \cap H$ が容易にわかるので,

$$J_0 = Z_H(\mathfrak{a}) Z_L(\mathfrak{a}) \cap A$$
$$= Z_L(\mathfrak{a}) \cap A$$
$$= \left\{ \begin{pmatrix} d(\varepsilon) & & 0 \\ & I_{n-2s} & \\ 0 & & d(\varepsilon) \end{pmatrix} \middle| \varepsilon \in \{\pm 1\}^s \right\}$$
$$= \{a(\theta_1, \cdots, \theta_s) \mid \theta_i = 0 \text{ or } \pi\}$$
$$= \{a \in A \mid a^2 = e\}$$

となる．

この群 J の作用を用いて，定理 3.1 のように代表元が
$$A^+ = \left\{ a(\theta_1, \cdots, \theta_s) \middle| \frac{\pi}{2} \geq \theta_1 \geq \cdots \geq \theta_s \geq 0 \right\}$$
から取れることを示そう．
$$-\pi \leq \theta_i \leq \pi$$
と仮定してよい．まず，J_0 の作用 (各成分に $\pm \pi$) により，
$$-\frac{\pi}{2} \leq \theta_i \leq \frac{\pi}{2}$$
に移せる．次に，W の作用により，
$$\frac{\pi}{2} \geq \theta_1 \geq \cdots \geq \theta_s \geq 0$$
に移せばよいのである．

問 10 記号は 3 節の問 6 と同じとする．次の $a = a(\theta_1, \theta_2)$ について，$ha\ell^{-1} \in A^+$ となる $(h, \ell) \in H \times L$ を 1 つ与えよ．

(1) $-\pi/2 < \theta_1 < \theta_2 < 0$

(2) $\pi/2 < \theta_2 < \theta_1 < \pi$

(3) $0 < \theta_2 < \pi - \theta_1 < \pi/2$

問 11 $G = U(2) = \{g \in GL(2, \boldsymbol{C}) \mid {}^t\bar{g}g = I_2\}$, $H = O(2)$,
$$L = \left\{ \begin{pmatrix} \alpha & 0 \\ 0 & \beta \end{pmatrix} \middle| \alpha, \beta \in U(1) \right\}$$
のとき，

$$G = \bigsqcup_{0 \leq \theta \leq \pi/4} H \begin{pmatrix} \cos\theta & i\sin\theta \\ i\sin\theta & \cos\theta \end{pmatrix} L$$

($i = \sqrt{-1}$) を示せ.

問12 $g \in GL(n, \mathbf{R})$ に対し, $\sigma(g) = {}^t g^{-1}$ とする. $GL(n, \mathbf{R})$ の閉部分群 G が $\sigma(G) = G$ を満たすとし, $H = G^\sigma = G \cap O(n)$ とおく.

(1) $H \times \mathfrak{g}^{-\sigma} \ni (h, X) \mapsto h \exp X \in G$ は全単射であることを示せ. (カルタン(Cartan)分解)

(2) τ は G の involution とし, G の部分群 L は
$$(G^\tau)_0 \subset L \subset G^\tau$$
を満たすとする. $\mathfrak{g}^{-\sigma} \cap \mathfrak{g}^{-\tau}$ の1つの極大可換部分空間 $\mathfrak{a}$ を取り, $A = \exp \mathfrak{a}$ とおく. このとき,
$$G = HAL$$
を示せ. また, $J = N_A/Z_A$ について
$$J \cong W_{H \cap L}(A) = N_{H \cap L}(A)/Z_{H \cap L}(A)$$
を示せ. (定理6.2の証明はこの場合にも適用できて, $J \backslash A \cong H \backslash G / L$ が成り立つ.)

問13 (一般には, [2]Theorem 1) $\boldsymbol{F}$ は任意の体とする. $G = GL(2, \boldsymbol{F})$,
$$H = \left\{ \begin{pmatrix} a & 0 \\ 0 & b \end{pmatrix} \middle| a, b \in \boldsymbol{F} - \{0\} \right\}$$
について,
$$H \backslash G / H$$
の"標準的"な代表元の集合を与えよ.

7 ルート系

$\mathfrak{g}$ は $\mathfrak{o}(n) = \{$実交代行列$\}$ の部分リー環とする. $Y \in \mathfrak{g}$ に対し, 線形写像 $\mathrm{ad}(Y): \mathfrak{g} \ni X \mapsto [Y, X] \in \mathfrak{g}$ の固有値を考えよう. $B(\ ,\ )$ は $\mathfrak{g}$ 上負定値であり,

$$B(\mathrm{ad}(Y)X, Z) = -B(X, \mathrm{ad}(Y)Z) \quad \text{for} \quad X, Z \in \mathfrak{g}$$

であるので，$\mathrm{ad}(Y)$ は $-B(\ ,\ )$ に関する正規直交基底により，交代行列で表される．よって，$\mathrm{ad}(Y)$ の固有値はすべて純虚数であり，$\mathfrak{g}$ の複素化 $\mathfrak{g}_C$ は固有空間の直和に分解できることがわかる．

$\mathfrak{a}$ を $\mathfrak{g}$ の可換部分空間とする．

定義 $\alpha \in i\mathfrak{a}^*$ ($\alpha : \mathfrak{a} \to i\mathbf{R}$ は線形写像) に対し，

$$\mathfrak{g}_C(\mathfrak{a}, \alpha) = \{X \in \mathfrak{g}_C \,|\, [Y, X] = \alpha(Y)X \text{ for all } Y \in \mathfrak{a}\} \quad (\text{ルート空間})$$

とおき，

$$\Sigma = \Sigma(\mathfrak{g}_C, \mathfrak{a}) = \{\alpha \in i\mathfrak{a}^* - \{0\} \,|\, \mathfrak{g}_C(\mathfrak{a}, \alpha) \neq \{0\}\} \quad (\text{"ルート系"})$$

とおく．

このとき，ルート空間分解

$$\mathfrak{g}_C = \bigoplus_{\alpha \in \Sigma \cup \{0\}} \mathfrak{g}_C(\mathfrak{a}, \alpha)$$

が成り立つ．($\mathfrak{a}$ の基底 $Y_1, \cdots, Y_\ell$ を取り，$\mathrm{ad}(Y_1), \cdots, \mathrm{ad}(Y_\ell)$ について，"同時に" 固有空間分解すればよい．)

$Y \in \mathfrak{a}$ は，$\alpha(Y) \neq 0$ for all $\alpha \in \Sigma$ のとき regular であるという．$\alpha \in \Sigma$ に対し，$\mathfrak{a}_\alpha = \{Y \in \mathfrak{a} \,|\, \alpha(Y) = 0\}$ は $\mathfrak{a}$ の超平面であり，Σ は有限集合だから，$\mathfrak{a}$ の regular element は (dense に) 存在する．$Y \in \mathfrak{a}$ が regular とすると，$X \in \mathfrak{g}$ について

$$[Y, X] = 0 \iff X \in \mathfrak{g}_C(\mathfrak{a}, 0) \iff [X, \mathfrak{a}] = \{0\}$$

が成り立つ．なぜならば，

$$X = \sum_{\alpha \in \Sigma \cup \{0\}} X_\alpha, \quad X_\alpha \in \mathfrak{g}_C(\mathfrak{a}, \alpha)$$

と表すと

$$[Y, X] = \sum_{\alpha \in \Sigma \cup \{0\}} \alpha(Y) X_\alpha$$

であるから，$\alpha(Y) \neq 0$ for all $\alpha \in \Sigma$ により，

$$[Y, X] = 0 \iff X_\alpha = 0 \quad \text{for all} \quad \alpha \in \Sigma$$

である．

注意 (1) (5節の "regular element" の存在証明) Y を $\mathfrak{a}$ の regular element とする．
$$X \in \mathfrak{q}, \quad [X, Y] = 0$$
とすると, $[X, \mathfrak{a}] = \{0\}$ である．$\mathfrak{a}$ は $\mathfrak{q}$ の中で極大可換であるから，$X \in \mathfrak{a}$ となる．

(2) (ノンコンパクト型) $G \not\subset O(n)$, $\sigma(g) = {}^t g^{-1}$ for $g \in G$, $\mathfrak{a} \subset \mathfrak{q} = \mathfrak{g}^{-\sigma}$ のときも同様である．この場合，固有値はすべて実数である．

例 (3節, 6節) $\mathfrak{g} = \mathfrak{o}(n)$, $\mathfrak{a} = \{Y(\theta_1, \cdots, \theta_s) \mid \theta_i \in \mathbb{R}\}$ とする．ただし，
$$Y(\theta_1, \cdots, \theta_s) = \begin{pmatrix} 0 & & d(\theta_1, \cdots, \theta_s) \\ & 0 & \\ -d(\theta_1, \cdots, \theta_s) & & 0 \end{pmatrix}$$
である．$e_j \in i\mathfrak{a}^*$ を
$$e_j : Y(\theta_1, \cdots, \theta_s) \longmapsto i\theta_j$$
で定義すると
$$\Sigma = \Sigma(\mathfrak{g}_C, \mathfrak{a}) = \{\pm e_j \mid j = 1, \cdots, s\} \cup \{\pm e_j \pm e_k \mid j \neq k\},$$
$$\dim \mathfrak{g}_C(\mathfrak{a}, \pm e_j) = n - 2s, \quad \dim \mathfrak{g}_C(\mathfrak{a}, \pm e_j \pm e_k) = 1$$
である．(問：これを示せ．)

参考文献

[1] B. Hoogenboom. *Intertwining functions on compact Lie groups*. PhD thesis, Mathematisch Centrum, Amsterdam, 1983.

[2] T. Matsuki. *Double coset decompositions of algebraic groups arising from two involutions* I. Journal of Algebra, 175: 865-925, 1995.

[3] T. Matsuki. *Double coset decompositions of reductive Lie groups arising from two involutions*. Journal of Algebra, 197: 49-91, 1997.

付録3

旗多様体上の軌道分解

　この講義録は，1999 年 6 月に北海道大学で行った集中講義の内容をまとめたものである．線形代数の知識だけで，$GL(n, \boldsymbol{R})$ の旗多様体上のさまざまな軌道分解が証明できることを示したい．(**注意**：たいていの場合，実数体 $\boldsymbol{R}$ でなくても任意の体 $\boldsymbol{F}$ について同じことが成り立つ．) 軌道分解の一般論，両側剰余類分解，対称空間上の軌道分解などについては別の集中講義録[2](付録 2)を見ていただきたい．

1　Introduction ($n = 2, 3$ のとき)

　定義　群 G が集合 M に(左から)作用するとは，写像
$$G \times M \ni (g, m) \longmapsto gm \in M$$
が与えられていて，次の 2 つの条件が成り立つことである．
 (1)　$g(hm) = (gh)m$ 　for 　$g, h \in G$ 　and 　$m \in M$
 (2)　$em = m$ 　for 　$m \in M$ 　　(e は G の単位元)

　命題(軌道分解)　$M = \bigsqcup_{m \in I} Gm$ 　　(disjoint union)
ただし，$Gm = \{gm \mid g \in G\}$

　例 1 ($n = 2$ のとき)　$M = P^1(\boldsymbol{R}) = \{\boldsymbol{R}^2$ の原点を通る直線$\}$ に
$$G = GL(2, \boldsymbol{R}) = \left\{ \begin{pmatrix} a & b \\ c & d \end{pmatrix} \middle| a, b, c, d \in \boldsymbol{R}, \ ad - bc \neq 0 \right\}$$
が次のように(左から)自然に作用する．

$$G \times M \ni \left(\begin{pmatrix} a & b \\ c & d \end{pmatrix}, \boldsymbol{R}\begin{pmatrix} x \\ y \end{pmatrix}\right) \longmapsto \boldsymbol{R}\begin{pmatrix} ax+by \\ cx+dy \end{pmatrix} \in M$$

$m_0 = \boldsymbol{R}\begin{pmatrix} 1 \\ 0 \end{pmatrix} = x$ 軸とおくと

$$M = Gm_0 \quad (\text{すなわち} |I|=1)$$

である．(このようなとき，M は G-等質空間であると呼ばれる．)

$$B = G_{m_0} = \{g \in G \mid gm_0 = m_0\} = \left\{\begin{pmatrix} a & b \\ 0 & d \end{pmatrix} \in G\right\}$$

とおくと，G の B-右剰余類の集合 G/B と M は次の写像により 1 対 1 に対応する．

$$G/B \ni gB \longmapsto gm_0 \in M$$

(これは等質空間について一般に成り立つことであり，$G_{m_0} = \{g \in G \mid gm_0 = m_0\}$ は $m_0 \in M$ における等方部分群と呼ばれる．)

G の任意の部分群 H に対して $M = Gm_0$ の H-軌道分解を考えることができる．

(1) $H = K = \left\{\begin{pmatrix} \cos\theta & -\sin\theta \\ \sin\theta & \cos\theta \end{pmatrix} \Big| \theta \in \boldsymbol{R}\right\}$ のとき，明らかに

$$M = Km_0$$

である．

(2) $H = B$ のとき，$m_1 = \begin{pmatrix} 0 & 1 \\ 1 & 0 \end{pmatrix} m_0 = \boldsymbol{R}\begin{pmatrix} 0 \\ 1 \end{pmatrix} = y$ 軸とおくと，

$$M = Bm_0 \sqcup Bm_1 = m_0 \sqcup (M - \{m_0\})$$

である．($M \cong G/B$ のブリュア分解)

(3) $H = \left\{\begin{pmatrix} a & 0 \\ 0 & b \end{pmatrix} \Big| a, b \in \boldsymbol{R}^\times\right\}$ のとき，$m_0 = x$ 軸，$m_1 = y$ 軸，$m_2 = \{y = x\}$ とおくと，

$$Hm_0 = \{m_0\}, \quad Hm_1 = \{m_1\}, \quad Hm_2 = M - \{m_0, m_1\}$$

である．すなわち，M 上の H-軌道は 3 個である．

問 1.1 $H' = \left\{\begin{pmatrix} a & 0 \\ 0 & b \end{pmatrix} \Big| a, b > 0\right\}$ のとき，M 上の H'-軌道は何個あるか？

例 2 ($n = 3$ のとき) $M = \{(\ell, p) \mid \ell$ は $\boldsymbol{R}^3$ の原点を通る直線，p は $\boldsymbol{R}^3$ の ℓ を含む平面$\}$ は旗多様体 (flag manifold) と呼ばれる．$G = GL(3, \boldsymbol{R})$ は自然に

M に作用し，M は G-等質空間である．$m_0 = (x$ 軸，xy 平面$)$ とおくと，m_0 における等方部分群は

$$B = G_{m_0} = \{g \in G \,|\, gm_0 = m_0\} = \left\{\begin{pmatrix} a & b & c \\ 0 & d & e \\ 0 & 0 & f \end{pmatrix} \in G\right\}$$

（上三角正則行列）

である．これは G の 1 つの Borel subgroup(ボレル部分群) と呼ばれる．例 1 と同様に

$$M \cong G/B$$

（1） $K = O(3) = \{3$ 次実直交行列$\}$ に対し，容易に

$$M = Km_0$$

がわかる．

（2） B-軌道分解

$$w_1 = \begin{pmatrix} 0 & 1 & 0 \\ 1 & 0 & 0 \\ 0 & 0 & 1 \end{pmatrix}, \quad w_2 = \begin{pmatrix} 1 & 0 & 0 \\ 0 & 0 & 1 \\ 0 & 1 & 0 \end{pmatrix}$$

によって生成される G の部分群 W は置換行列の集合であり，3 次対称群 S_3 と同一視できる．M 上の B-軌道分解は

$$M = \bigsqcup_{w \in W} Bwm_0$$
$$= Bm_0 \sqcup Bw_1 m_0 \sqcup Bw_2 m_0 \sqcup Bw_1 w_2 m_0 \sqcup Bw_2 w_1 m_0 \sqcup Bw_1 w_2 w_1 m_0$$

(ブリュア分解) で与えられ，さらに

$$Bwm_0 \cong \mathbf{R}^{\ell(w)} \quad (\ell(w) \text{ は } w \in W \cong S_3 \text{ の転倒数})$$

である．

w	e	w_1	w_2	$w_1 w_2$	$w_2 w_1$	$w_1 w_2 w_1$
$\ell(w)$	0	1	1	2	2	3

（3） $H = \left\{\begin{pmatrix} A & 0 \\ 0 & B \end{pmatrix} \middle| A \in GL(2, \mathbf{R}), B \in \mathbf{R}^\times\right\}$ のとき，M 上の H-軌道は 6 個であり，その代表元として次のものが取れる (cf. [6], [8])．

$$m_0 = (x \text{ 軸}, xy \text{ 平面}), \quad m_1 = (x \text{ 軸}, xz \text{ 平面}),$$

$$m_2 = (z\,\text{軸},\ xz\,\text{平面}), \quad m_3 = (x\,\text{軸},\ y=z),$$
$$m_4 = \left(\boldsymbol{R}\begin{pmatrix}1\\0\\1\end{pmatrix},\ xz\,\text{平面}\right), \quad m_5 = \left(\boldsymbol{R}\begin{pmatrix}0\\1\\1\end{pmatrix},\ y=z\right)$$

注意 例1および例2の(2),(3)については任意の体上で同様のことが成り立つ．例えば，例2の(2)を有限体 $\boldsymbol{F}_q$ ($|\boldsymbol{F}_q|=q$) 上で考えると，
$$|Bwm_0| = q^{\ell(w)}$$
なので
$$|M| = 1+2q+2q^2+q^3 = (1+q+q^2)(1+q)$$
となるはずだが，原点を通る直線 ℓ の数 $= \dfrac{q^3-1}{q-1} = 1+q+q^2$, ℓ を含む平面 p の数 $= 1+q$ なので話はあっている．

2 $GL(n,\boldsymbol{R})$ の旗多様体上の軌道分解

2.1 旗多様体

集合
$$M = \{(V_1,\cdots,V_{n-1})\,|\,V_i \text{ は } \boldsymbol{R}^n \text{ の } i \text{ 次元部分空間},\ V_i \subset V_{i+1}\}$$
は旗多様体((full) flag manifold)と呼ばれる．(多様体という言葉を用いているが，本稿の話では局所座標系を考える必要がないので単に集合と思ってかまわない．) $V_0 = \{0\}$, $V_n = \boldsymbol{R}^n$ とおく．
$$G = GL(n,\boldsymbol{R}) = \{g \text{ は } n\times n \text{ 実行列}\,|\,\det g \neq 0\}$$
は自然に M に作用する．$\boldsymbol{R}^n$ の標準基底
$$e_1 = \begin{pmatrix}1\\0\\\vdots\\0\end{pmatrix},\ \cdots,\ e_n = \begin{pmatrix}0\\\vdots\\0\\1\end{pmatrix}$$
を用いて，
$$m_0 = (\boldsymbol{R}e_1,\ \boldsymbol{R}e_1\oplus\boldsymbol{R}e_2,\cdots,\boldsymbol{R}e_1\oplus\cdots\oplus\boldsymbol{R}e_{n-1})$$
とおくと，$M = Gm_0$ であり，m_0 の等方部分群は

$$B = G_{m_0} = \left\{ \begin{pmatrix} * & * & \cdots & * \\ 0 & * & & \vdots \\ \vdots & \ddots & \ddots & \vdots \\ 0 & \ddots & 0 & * \end{pmatrix} \in G \right\} \quad \text{(上三角正則行列)}$$

である．これは G の 1 つの Borel subgroup (ボレル部分群) と呼ばれる．(これに共役な G の部分群はすべて G の Borel subgroup と呼ばれる．) 等質空間の一般論により，

$$M \cong G/B$$

2.2　$O(n)$-軌道，岩澤分解

$$K = O(n) = \{g \in G \mid {}^t g g = I\} \quad \text{(n 次直交行列の集合)}$$

は n 次直交群と呼ばれる．

命題 2.1　$M = K m_0$

証明　任意の $m = (V_1, \cdots, V_{n-1}) \in M$ に対し，$\boldsymbol{R}^n$ の正規直交基底 $v_1, \cdots, v_n$ を

$$V_i = \boldsymbol{R} v_1 \oplus \cdots \oplus \boldsymbol{R} v_i \quad \text{for} \quad i = 1, \cdots, n$$

となるように取ることができる．

$$g = (v_1, \cdots, v_n) \quad \text{(列ベクトル $v_1, \cdots, v_n$ を並べた行列)}$$

とおけば，$g \in K$ であり，

$$m = g m_0 \qquad \square$$

m_0 の K における等方部分群は

$$K_{m_0} = K \cap B = \left\{ \begin{pmatrix} \varepsilon_1 & & 0 \\ & \ddots & \\ 0 & & \varepsilon_n \end{pmatrix} \middle| \varepsilon_i = \pm 1 \right\} \quad (|K_{m_0}| = 2^n)$$

である．

$$B_0 = \left\{ \begin{pmatrix} a_1 & & * \\ & \ddots & \\ 0 & & a_n \end{pmatrix} \middle| a_i > 0 \right\}$$

とおく.

命題 2.2 $K \times B_0 \ni (k, b) \mapsto kb \in G$ は全単射である.

証明 容易に $B = K_{m_0} B_0$ である. 命題 2.1 により $G = KB$ であるから,
$$G = KB = KK_{m_0}B_0 = KB_0$$
よって与えられた写像は全射. $K \cap B_0 = \{e\}$ であるから単射でもある. □

別証明(シュミットの直交化) $G \ni g = (v_1, \cdots, v_n)$ に対し,

$$u_1 = \frac{1}{|v_1|} v_1, \qquad u_2' = v_2 - (v_2, u_1) u_1,$$

$$u_2 = \frac{1}{|u_2'|} u_2', \qquad u_3' = v_3 - (v_3, u_1) u_1 - (v_3, u_2) u_2,$$

$$\cdots, \quad u_n' = v_n - (v_n, u_1) u_1 - \cdots - (v_n, u_{n-1}) u_{n-1}, \qquad u_n = \frac{1}{|u_n'|} u_n'$$

とおくと, $u_1, \cdots, u_n$ は $\mathbf{R}^n$ の正規直交基底になり,

$$Q_1 = \begin{pmatrix} |v_1|^{-1} & & & 0 \\ & 1 & & \\ & & \ddots & \\ 0 & & & 1 \end{pmatrix}, \qquad P_2 = \begin{pmatrix} 1 & -(v_2, u_1) & & 0 \\ & 1 & & \\ & & \ddots & \\ 0 & & & 1 \end{pmatrix},$$

$$Q_2 = \begin{pmatrix} 1 & & & & 0 \\ & |u_2'|^{-1} & & & \\ & & 1 & & \\ & & & \ddots & \\ 0 & & & & 1 \end{pmatrix}, \qquad P_3 = \begin{pmatrix} 1 & 0 & -(v_3, u_1) & & 0 \\ & 1 & -(v_3, u_2) & & \\ & & 1 & & \\ & & & \ddots & \\ 0 & & & & 1 \end{pmatrix},$$

$$\cdots, \qquad P_n = \begin{pmatrix} 1 & & 0 & -(v_n, u_1) \\ & \ddots & & \\ & & 1 & -(v_n, u_{n-1}) \\ 0 & & & 1 \end{pmatrix},$$

$$Q_n = \begin{pmatrix} 1 & & & 0 \\ & \ddots & & \\ & & 1 & \\ 0 & & & |u_n'|^{-1} \end{pmatrix}$$

はすべて B_0 の元であって，$b = Q_1 P_2 Q_2 \cdots P_{n-1} Q_n \in B_0$, $k = (u_1, \cdots, u_n) \in K$ とおくと，

$$gb = k \quad \text{よって} \quad g = kb^{-1} \qquad \square$$

問 2.1 次の行列 g を $g = kb (k \in K, \ b \in B_0)$ と表わせ．

(1) $\begin{pmatrix} 2 & 1 \\ 1 & 2 \end{pmatrix}$ (2) $\begin{pmatrix} 1 & 1 & 1 \\ 1 & 2 & 4 \\ 1 & 3 & 9 \end{pmatrix}$

B_0 の部分群 A, N を

$$A = \left\{ \begin{pmatrix} a_1 & & 0 \\ & \ddots & \\ 0 & & a_n \end{pmatrix} \middle| a_i > 0 \right\}, \quad N = \left\{ \begin{pmatrix} 1 & & * \\ & \ddots & \\ 0 & & 1 \end{pmatrix} \right\}$$

で定義すると，明らかに

$$A \times N \ni (a, n) \longmapsto an \in B_0$$

は全単射である．よって，次が成り立つ．

系 ($GL(n, \boldsymbol{R})$ の岩澤分解) $K \times A \times N \ni (k, a, n) \mapsto kan \in G$ は全単射．

2.3 ブリュア分解

$W = \{n \text{ 次置換行列}\}$ とおくと，$W \cong S_n$ (n 次対称群) であり，G のワイル群と呼ばれる．

定理 2.1 ($GL(n, \boldsymbol{R})$ のブリュア分解)
(1) $M = \bigsqcup_{w \in W} Bwm_0 \ (G = \bigsqcup_{w \in W} BwB)$
(2) $Bwm_0 \cong \boldsymbol{R}^{\ell(w)}$ （ただし，$\ell(w)$ は $w (\in S_n)$ の転倒数）

$n=3$ のときの証明(一般の n についても同様に証明できる．)　$\ell_0 = \boldsymbol{R}e_1$, $p_0 = \boldsymbol{R}e_1 \oplus \boldsymbol{R}e_2$ とおく．任意の $m = (\ell, p) \in M$ に対し，
$$\ell = \boldsymbol{R}\begin{pmatrix} x \\ y \\ z \end{pmatrix}$$
とおくと，ある $g \in B$ と $i = 1, 2, 3$ があって
$$g\ell = \boldsymbol{R}e_i$$
である．実際

(a) $y = z = 0$ のとき，$\ell = \ell_0 = \boldsymbol{R}e_1$ であり，

(b) $z = 0$, $y \neq 0$ のとき，$i = 2$,
$$g = \begin{pmatrix} 1 & -x/y & 0 \\ 0 & 1 & 0 \\ 0 & 0 & 1 \end{pmatrix}$$

(c) $z \neq 0$ のとき，$i = 3$,
$$g = \begin{pmatrix} 1 & 0 & -x/z \\ 0 & 1 & -y/z \\ 0 & 0 & 1 \end{pmatrix}$$

とおけばよい．次に，$g(\ell, p) = (g\ell, gp) = (\ell', p') = m'$ ($\ell' = \boldsymbol{R}e_i$ for some $i = 1, 2, 3$) とおくとき，p' を $B_{\ell'} = \{h \in B \mid h\ell' = \ell'\}$ の作用によって標準的なものに移せばよい．

(a) $\ell' = \boldsymbol{R}e_1$ のとき，$B_{\ell'} = B$ であり，
$$p' = \boldsymbol{R}e_1 \oplus \boldsymbol{R}\begin{pmatrix} 0 \\ y' \\ z' \end{pmatrix}$$
と書ける．

(a1) $z' = 0$ のとき，$p' = \boldsymbol{R}e_1 \oplus \boldsymbol{R}e_2 = p_0$ である．よって，$m' = m_0 \in Bm_0 = \{m_0\}$.

(a2) $z' \neq 0$ のとき，
$$h = \begin{pmatrix} 1 & 0 & 0 \\ 0 & 1 & -y'/z' \\ 0 & 0 & 1 \end{pmatrix}$$

とおくと,
$$hp' = \boldsymbol{R}e_1 \oplus \boldsymbol{R}e_3 = w_2 p_0$$
よって $m' \in Bw_2 m_0$

(b) $\ell' = \boldsymbol{R}e_2$ のとき,
$$B_{\ell'} = \left\{ \begin{pmatrix} * & 0 & * \\ 0 & * & * \\ 0 & 0 & * \end{pmatrix} \right\}$$

であり,
$$p' = \boldsymbol{R}e_2 \oplus \boldsymbol{R} \begin{pmatrix} x' \\ 0 \\ z' \end{pmatrix}$$

と書ける.

(b1) $z' = 0$ のとき, $p' = p_0$ である. よって, $m' = (\boldsymbol{R}e_2, p_0) = w_1 m_0$

(b2) $z' \neq 0$ のとき,
$$\begin{pmatrix} 1 & 0 & -x'/z' \\ 0 & 1 & 0 \\ 0 & 0 & 1 \end{pmatrix} \in B_{\ell'}$$

とおくと,
$$h(\ell', p') = (\boldsymbol{R}e_2, \boldsymbol{R}e_2 \oplus \boldsymbol{R}e_3) = w_1 w_2 m_0$$

(c) $\ell' = \boldsymbol{R}e_3$ のとき,
$$B'_\ell = \left\{ \begin{pmatrix} * & * & 0 \\ 0 & * & 0 \\ 0 & 0 & * \end{pmatrix} \right\}$$

であり,
$$p' = \boldsymbol{R}e_3 \oplus \boldsymbol{R} \begin{pmatrix} x' \\ y' \\ 0 \end{pmatrix}$$

と書ける.

(c1) $y' = 0$ のとき, $p' = \boldsymbol{R}e_1 \oplus \boldsymbol{R}e_3$ である. よって, $m' = (\boldsymbol{R}e_3, \boldsymbol{R}e_1 \oplus \boldsymbol{R}e_3) = w_2 w_1 m_0$

(c2) $y' \neq 0$ のとき,

とおくと,
$$h = \begin{pmatrix} 1 & -x'/y' & 0 \\ 0 & 1 & 0 \\ 0 & 0 & 1 \end{pmatrix} \in B_{\ell'}$$

$$h(\ell', p') = (\boldsymbol{R}e_3, \boldsymbol{R}e_2 \oplus \boldsymbol{R}e_3) = w_1 w_2 w_1 m_0$$

以上によって(1)が示された. (2)の証明は, 例えば(c2)のときに,

$$m \longmapsto \left(-\frac{x}{z}, -\frac{y}{z}, -\frac{x'}{y'}\right) \in \boldsymbol{R}^3$$

のようにすればよい.

2.4 $H = GL(p, \boldsymbol{R}) \times GL(q, \boldsymbol{R})$ による軌道分解

$H = \left\{ \begin{pmatrix} A & 0 \\ 0 & B \end{pmatrix} \middle| A \in GL(p, \boldsymbol{R}), \ B \in GL(q, \boldsymbol{R}) \right\} \cong GL(p, \boldsymbol{R}) \times GL(q, \boldsymbol{R})$
$(p+q=n)$ とおく.

$$\tau = \begin{pmatrix} I_p & 0 \\ 0 & -I_q \end{pmatrix}, \quad U_+ = \boldsymbol{R}e_1 \oplus \cdots \oplus \boldsymbol{R}e_p, \quad U_- = \boldsymbol{R}e_{p+1} \oplus \cdots \oplus \boldsymbol{R}e_n$$

とおくと,

$$\boldsymbol{R}^n = U_+ \oplus U_-$$

は τ に関する $+1, -1$-固有空間分解であり,

$$H = \{g \in G \mid \tau g = g\tau\} = \{g \in G \mid gU_+ = U_+, \ gU_- = U_-\}$$

と書ける.

$m = (V_1, \cdots, V_{n-1}) \in M$ に対し,
$$c_i^+ = \dim(V_i \cap U_+), \quad c_i^- = \dim(V_i \cap U_-),$$
$$d_{i,j} = \dim(V_i \cap \tau V_j) \ (= \dim(\tau V_i \cap V_j) = d_{j,i})$$

とおく. これらは H-軌道 "の不変量" である. なぜならば, $hm = (hV_1, \cdots, hV_{n-1})(h \in H)$ に対し,

$$\dim(hV_i \cap U_\pm) = \dim h(V_i \cap U_\pm) = \dim(V_i \cap U_\pm)$$
$$\dim(hV_i \cap \tau(hV_j)) = \dim(hV_i \cap h\tau V_j) = \dim h(V_i \cap \tau V_j)$$
$$= \dim(V_i \cap \tau V_j)$$

だからである.

例 $p=2$, $q=1$ とする.

（1） $\tau V_1 = V_1$, $\tau V_2 = V_2$ のとき, $d_{i,j}$ は次のようになる.

j \ i	0	1	2	3
0	0	0	0	0
1	0	1	1	1
2	0	1	2	2
3	0	1	2	3

（2） （m が generic な場合）$V_1 \cap \tau V_2 = \{0\}$ (よって, $V_1 \cap \tau V_1 = \{0\}$, $\dim(V_2 \cap \tau V_2) = 1$) のとき, $d_{i,j}$ は次のようになる.

j \ i	0	1	2	3
0	0	0	0	0
1	0	0	0	1
2	0	0	1	2
3	0	1	2	3

$\{d_{i,j}\}$ から, 次のようにして order 2 の置換行列が定まる.

$$D_{i,j} = d_{i,j} - d_{i-1,j} - d_{i,j-1} + d_{i-1,j-1}$$

とおくと,

$$D_{i,j} = 0 \quad \text{or} \quad 1$$

である. なぜならば,

$$d_{i,j} - d_{i-1,j} = 0 \quad \text{or} \quad 1, \quad d_{i,j-1} - d_{i-1,j-1} = 0 \quad \text{or} \quad 1$$

であって, $V_i \cap \tau V_j = V_{i-1} \cap \tau V_j$ ならば,

$$V_i \cap \tau V_{j-1} = V_i \cap \tau V_j \cap \tau V_{j-1} = V_{i-1} \cap \tau V_j \cap \tau V_{j-1}$$
$$= V_{i-1} \cap \tau V_{j-1}$$

だからである. また, 明らかに

$$\sum_{i=1}^{n} D_{i,j} = 1, \quad \sum_{j=1}^{n} D_{i,j} = 1, \quad D_{i,j} = D_{j,i}$$

よって, $\{D_{i,j}\}$ は order 2 の置換行列である. $D_{i,j} = 1$ のとき, $j = \varphi(i)$ と表わすと φ は S_n の order 2 の元である.

例のつづき (1)のとき, $\{D_{i,j}\} = \begin{pmatrix} 1 & 0 & 0 \\ 0 & 1 & 0 \\ 0 & 0 & 1 \end{pmatrix} = I$ であり, (2)のとき, $\{D_{i,j}\} = \begin{pmatrix} 0 & 0 & 1 \\ 0 & 1 & 0 \\ 1 & 0 & 0 \end{pmatrix}$ である.

補題 2.1 (key lemma) 任意の $m = (V_1, \cdots, V_{n-1}) \in M$ について, 次のような $\boldsymbol{R}^n$ の基底 $v_1, \cdots, v_n$ を取ることができる.

(I) $V_i = \boldsymbol{R}v_1 \oplus \cdots \oplus \boldsymbol{R}v_i$ for $i = 1, \cdots, n$

(II) $\tau v_i = \varepsilon_i v_{\varphi(i)}$ for $i = 1, \cdots, n$

ただし,
$$\varepsilon_i = \begin{cases} \pm 1 & (\varphi(i) = i \text{ のとき}) \\ 1 & (\varphi(i) \neq i \text{ のとき}) \end{cases}$$

証明 条件(I)は

$v_i \in V_i - V_{i-1}$ for $i = 1, \cdots, n$

と同値であることに注意する. 各 i に対し, $j = \varphi(i)$ とおく. このとき,

$$V_i \cap \tau V_j \supsetneq V_{i-1} \cap \tau V_j = V_i \cap \tau V_{j-1} = V_{i-1} \cap \tau V_{j-1}$$

である.

$j \neq i$ のとき, $(V_i \cap \tau V_j) - (V_{i-1} \cap \tau V_j)$ の元 v_i を1つ取り, $v_j = \tau v_i$ とおく. このとき, $v_i \in V_i - V_{i-1}$ であり,

$$v_j = \tau v_i \in \tau((V_i \cap \tau V_j) - (V_{i-1} \cap \tau V_j))$$
$$= \tau((V_i \cap \tau V_j) - (V_i \cap \tau V_{j-1})) \subset V_j - V_{j-1}$$

であるから, v_j も(I)の条件を満たす.

$j = i$ のとき, $V_i \cap \tau V_i$, $V_{i-1} \cap \tau V_{i-1}$ はともに τ-stable であるので, $(V_i \cap \tau V_i) - (V_{i-1} \cap \tau V_{i-1})$ の元 v_i を

$v_i \in U_\pm$

となるように取ることができる．また，
$$v_i \in (V_i \cap \tau V_i) - (V_{i-1} \cap \tau V_{i-1})$$
$$= (V_i \cap \tau V_i) - (V_{i-1} \cap \tau V_i) \subset V_i - V_{i-1} \qquad \square$$

もう1つの H-軌道の不変量 $c_i^{\pm}$ の意味について考えよう．$j = \varphi(i)$ とおき，
$$C_i = c_i^+ - c_{i-1}^+ - c_i^- + c_{i-1}^-$$
とおく．

$j > i$ のとき，
$$V_i \cap U_+ = V_i \cap \tau V_i \cap U_+ = V_i \cap \tau V_{j-1} \cap U_+$$
$$= V_{i-1} \cap \tau V_j \cap U_+ = V_{i-1} \cap U_+$$
よって，$c_i^+ = c_{i-1}^+$．同様にして，$c_i^- = c_{i-1}^-$ であるから
$$C_i = 0$$
である．

$j < i$ のとき，$v_i + v_j \in (V_i \cap U_+) - (V_{i-1} \cap U_+)$ であるから $c_i^+ - c_{i-1}^+ = 1$ であり，同様にして，$c_i^- - c_{i-1}^- = 1$ であるから，
$$C_i = 0$$
である．

$j = i$ のとき，
$$V_i \cap \tau V_i = (V_i \cap \tau V_i \cap U_+) \oplus (V_i \cap \tau V_i \cap U_-)$$
$$= (V_i \cap U_+) \oplus (V_i \cap U_-),$$
$$V_{i-1} \cap \tau V_{i-1} = (V_{i-1} \cap U_+) \oplus (V_{i-1} \cap U_-)$$
であるが，$\dim(V_i \cap \tau V_i) - \dim(V_{i-1} \cap \tau V_{i-1}) = 1$ であるから，
$$C_i = \begin{cases} 1 & (v_i \in U_+ \text{ のとき}) \\ -1 & (v_i \in U_- \text{ のとき}) \end{cases}$$
となる．ただし v_i は補題2.1で取ったものである．よって，$j = i$ のとき C_i は補題2.1で定義した ε_i と一致する．(**注意**：$j \neq i$ のとき，$\varepsilon_i = 1$, $C_i = 0$)

補題 2.2 M の任意の2つの元 $m = (V_1, \cdots, V_{n-1})$, $m' = (V_1', \cdots, V_{n-1}')$ に対し，
$$c_i^{\pm} = \dim(V_i \cap U_{\pm}), \qquad d_{i,j} = \dim(V_i \cap \tau V_j),$$

$$c'^{\pm}_i = \dim(V'_i \cap U_\pm), \qquad d'_{i,j} = \dim(V'_i \cap \tau V_j),$$

と定義しておく．このとき，

$$Hm = Hm' \Longleftrightarrow c^{\pm}_i = c'^{\pm}_i \qquad (i = 1, \cdots, n)$$
$$\text{and} \quad d_{i,j} = d'_{i,j} \qquad (i, j = 1, \cdots, n)$$

証明 $\Longrightarrow$ はすでに示した．

($\Longleftarrow$) m, m' に対して，補題 2.1 で得られる $\boldsymbol{R}^n$ の基底をそれぞれ

$$v_1, \cdots, v_n \quad \text{および} \quad v'_1, \cdots, v'_n$$

とすると，$c^{\pm}_i = c'^{\pm}_i$，$d_{i,j} = d'_{i,j}$ であるから $\varphi \in S_n$ および ε_i は同じである (C_i が同じだから) ので，

$$\tau v_i = \varepsilon_i v_{\varphi(i)}, \qquad \tau v'_i = \varepsilon_i v'_{\varphi(i)}$$

である．

$$I_+ = \{i \mid \varphi(i) = i, \ \varepsilon_i = 1\}, \qquad I_- = \{i \mid \varepsilon_i = -1\},$$
$$J = \{i \mid \varphi(i) > i\}$$

とおくと，

$$\alpha = \{v_i \mid i \in I_+\} \cup \{v_i + v_{\varphi(i)} \mid i \in J\}$$

は U_+ の基底となり，

$$\beta = \{v_i \mid i \in I_-\} \cup \{v_i - v_{\varphi(i)} \mid i \in J\}$$

は U_- の基底となる．同様に

$$\alpha' = \{v'_i \mid i \in I_+\} \cup \{v'_i + v'_{\varphi(i)} \mid i \in J\}$$

は U_+ の基底となり，

$$\beta' = \{v'_i \mid i \in I_-\} \cup \{v'_i - v'_{\varphi(i)} \mid i \in J\}$$

は U_- の基底となる．$\boldsymbol{R}^n$ の基底 $\alpha \cup \beta$ を $\alpha' \cup \beta'$ に (順序もこめて) 移す $h \in GL(n, \boldsymbol{R})$ を取ると，$hU_\pm = U_\pm$ であるから $h \in H$ であり，

$$hv_i = v'_i \quad \text{for} \quad i = 1, \cdots, n$$

よって，$hV_i = V'_i$ ($i = 1, \cdots, n$)，$hm = m'$ □

注意 $|I_+| + |J| = \dim U_+ = p$，$|I_-| + |J| = \dim U_- = q$ である．

補題 2.1 と補題 2.2 により，次の定理が成り立つ．

定理 2.2 M 上の H-軌道の集合 $H\backslash M$ は次の集合と 1 対 1 に対応する．
$$\{(\varphi,\varepsilon)\,|\,\varphi\in S_n,\ \varphi^2=e,\ |I_\varphi|\geqq |p-q|,$$
$$\varepsilon:I_\varphi\to\{\pm 1\},\ |\varepsilon^{-1}(1)|-|\varepsilon^{-1}(-1)|=p-q\}$$
ただし，$I_\varphi=\{i\,|\,\varphi(i)=i\}$

例 $p=2,\ q=1$ のとき，次の表により $|H\backslash M|=6$ である．

φ	ε	[6]の記号表示
e	$(1,1,-1)$	$++-$
e	$(1,-1,1)$	$+-+$
e	$(-1,1,1)$	$-++$
$(1\ 2)$	$\varepsilon(3)=1$	aa$+$
$(1\ 3)$	$\varepsilon(2)=1$	a$+$a
$(2\ 3)$	$\varepsilon(1)=1$	$+$aa

問 2.2 $p=q=2$ のとき，上の表を作成し，$|H\backslash M|=21$ であることを確かめよ．

問 2.3 一般の p,q に対して，軌道の数 $|H\backslash M|$ を求めよ．

問 2.4 $\boldsymbol{F}_q$ は q 個の元からなる有限体，
$M=\{(\ell,p)\,|\,\ell$ は $\boldsymbol{F}_q^3$ の 1 次元部分空間，p は $\boldsymbol{F}_q^3$ の 2 次元部分空間，$\ell\subset p\}$
$$H=\left\{\begin{pmatrix}A & 0\\ 0 & B\end{pmatrix}\bigg|\,A\in GL(2,\boldsymbol{F}_q),\ B\in \boldsymbol{F}_q^\times\right\}$$
のとき，各 H-軌道に含まれる M の元の数を求め，その合計が
$$|M|=(q+1)(q^2+q+1)$$
に等しいことを確かめよ．（**注意**：$q\geqq 3$ ならば $|H\backslash M|=6$）

定理 2.2 はもともと一般的なリー群の理論によって証明されたものである（[1], [3], [7]）．これらの証明を見るとすべてブリュア分解に帰着させている．

ということは，上記の定理2.2の証明は定理2.1の(1)の証明を含んでいると推測できる．実際，次のように定理2.1の(1)の別証明ができる．

定理2.1の(1)の別証明 $U_i = \mathbf{R}e_1 \oplus \cdots \oplus \mathbf{R}e_i \ (i=0,\cdots,n)$ とおくと，
$$m_0 = (U_1, \cdots, U_{n-1})$$
と書ける．任意の $m = (V_1, \cdots, V_{n-1}) \in M$ に対し，
$$d_{i,j} = \dim(V_i \cap U_j)$$
とおくと，これは B-軌道の不変量である．実際，$b \in B$ に対し，
$$\dim(bV_i \cap U_j) = \dim(bV_i \cap bU_j) = \dim b(V_i \cap U_j)$$
$$= \dim(V_i \cap U_j)$$
だからである．
$$D_{i,j} = d_{i,j} - d_{i-1,j} - d_{i,j-1} + d_{i-1,j-1}$$
とおくと，
$$D_{i,j} = 0 \quad \text{or} \quad 1$$
が示せる．また，
$$\sum_{i=1}^{n} D_{i,j} = 1, \quad \sum_{j=1}^{n} D_{i,j} = 1$$
よって，$\{D_{i,j}\}$ は置換行列である．$D_{i,j} = 1$ のとき，$j = \varphi(i)$ と表わそう．

各 $i = 1,\cdots,n$ に対し，$j = \varphi(i)$ のとき，
$$V_i \cap U_j \supsetneq V_{i-1} \cap U_j = V_i \cap U_{j-1} = V_{i-1} \cap U_{j-1}$$
であるから，$v_i \in (V_i \cap U_j) - (V_{i-1} \cap U_j)$ とすると，
$$v_i \in V_i - V_{i-1} \quad \text{かつ} \quad v_i \in U_j - U_{j-1}$$
である．$u_1 = e_{\varphi(1)}, \cdots, u_n = e_{\varphi(n)}$ とおき，$b \in G$ を
$$bu_i = v_i \quad \text{for} \quad i = 1,\cdots,n$$
となるように取ると $u_i, v_i \in U_{\varphi(i)} - U_{\varphi(i)-1}$ であるから
$$bU_i = U_i \quad \text{for} \quad i = 1,\cdots,n$$
となり，$b \in B$ である．$w = {}^t\{D_{i,j}\}$ とおくと，
$$bwe_i = bu_i = v_i$$
よって，$bwm_0 = m$ □

問 2.5 $n=3$, $\tau = I_{2,1} = \begin{pmatrix} 1 & 0 & 0 \\ 0 & 1 & 0 \\ 0 & 0 & -1 \end{pmatrix}$,

$$H' = O(2,1) = \{g \in G \,|\, {}^t g \tau g = \tau\}$$
$$= \{g \in G \,|\, g \text{ は } x^2+y^2-z^2 \text{ を不変にする}\}$$

(3次元ローレンツ群)のとき，$H'\backslash M$ を求めよ．($|H'\backslash M| = 6$，ヒント：円錐 $x^2+y^2-z^2=0$ と旗との関係を分類する．)

注意 $H = \{g \in G \,|\, g\tau = \tau g\}$ のとき，自然な全単射

$$H\backslash M \longrightarrow H'\backslash M$$

([3] "松木対応" の例)が存在する．この対応により，閉軌道は開軌道に，開軌道は閉軌道に対応する．

2.5 ランク1の切り口（軌道の「つながり具合」）

$i = 1, \cdots, n-1$ に対し，

$$M_i = \{(V_1, \cdots, V_{i-1}, V_{i+1}, \cdots, V_{n-1}) \,|\, V_1 \subset \cdots \subset V_{i-1} \subset V_{i+1} \subset \cdots \subset V_{n-1}\}$$

(V_j は $\mathbf{R}^n$ の j 次元部分空間)とおくと，自然な全射

$$\pi_i : M \ni (V_1, \cdots, V_{n-1}) \longmapsto (V_1, \cdots, V_{i-1}, V_{i+1}, \cdots, V_{n-1}) \in M_i$$

があって，π_i は G の作用と可換である．

$$m_0^{(i)} = \pi_i(m_0) = (U_1, \cdots, U_{i-1}, U_{i+1}, \cdots, U_{n-1})$$

($U_j = \mathbf{R}e_1 \oplus \cdots \oplus \mathbf{R}e_j$) の等方部分群は

$$P_i = G_{m_0^{(i)}} = \left\{ \begin{pmatrix} * & & & & & & * \\ & \ddots & & & & & \\ & & * & & & & \\ & & & * & * & & \\ & & & * & * & & \\ & & & & & * & \\ & & & & & & \ddots \\ 0 & & & & & & * \end{pmatrix} \right\}$$

$$= B \sqcup B w_i B$$

である．ただし，

$$w_i = \begin{pmatrix} I_{i-1} & & & 0 \\ & 0 & 1 & \\ & 1 & 0 & \\ 0 & & & I_{n-i-1} \end{pmatrix} (\longmapsto (i \quad i+1) \in S_{n-1})$$

π_i は H-軌道を H-軌道に移すので次の全射が導かれる.

$$H \backslash M \ni Hm \longmapsto \pi_i(Hm) = H\pi_i(m) \in H \backslash M_i$$

Notation $Hm, Hm' \in H \backslash M$ について,

$$\pi_i(Hm) = \pi_i(Hm') \quad \text{かつ} \quad \dim Hm' = \dim Hm + 1$$

のとき, 次のように表示しよう.

$$\begin{array}{c} Hm \\ \downarrow i \\ Hm' \end{array}$$

例 (1) $n = 3$, $H = B$ のとき, B-軌道 Bwm_0 ($w \in W$) を単に w と表わすと,

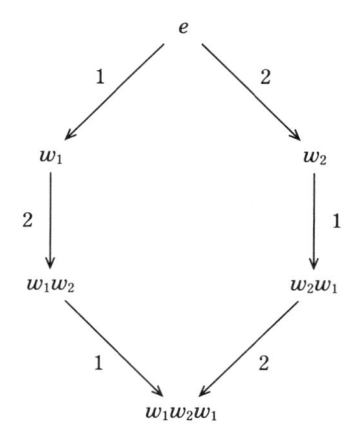

```
              e
           1/   \2
           ↓     ↓
          w_1   w_2
           |     |
           2     1
           ↓     ↓
        w_1w_2  w_2w_1
            \1   2/
             ↓   ↓
            w_1w_2w_1
```

（2） $n=3$, $H \cong GL(2, \mathbf{R}) \times GL(1, \mathbf{R})$ のとき (cf. [6]),

```
    -++        +-+        ++-
      \       / \         /
       1    1    2       2
        \  /      \     /
         aa+       +aa
           \       /
            2     1
             \   /
              a+a
```

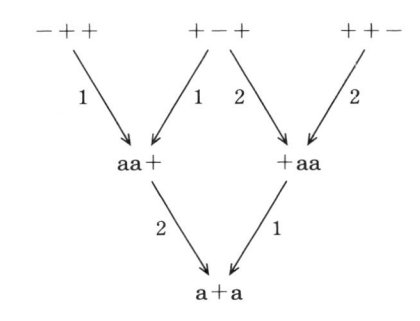

この図から，例えば π_1 については次のことがわかる．

$\pi_1^{-1}(\pi_1(-++)) = \pi_1^{-1}(\pi_1(+-+)) = \pi_1^{-1}(\pi_1(\mathrm{aa}+))$
$\qquad = -++ \sqcup +-+ \sqcup \mathrm{aa}+,$
$\pi_1^{-1}(\pi_1(++-)) = ++-,$
$\pi_1^{-1}(\pi_1(+\mathrm{aa})) = \pi_1^{-1}(\pi_1(\mathrm{a}+\mathrm{a})) = +\mathrm{aa} \sqcup \mathrm{a}+\mathrm{a},$
$M_1 = \pi_1(-++) \sqcup \pi_1(++-) \sqcup \pi_1(+\mathrm{aa}),$
$|H \backslash M_1| = 3$

このことから $\pi_1^{-1}(\pi_1(Hm))$ の H-軌道分解は $GL(2, \mathbf{R})$ の旗多様体の次のような部分群による軌道分解に対応していることが想像できる．（このことは[4], [5]などで一般的に定式化されていることだが，本稿では省略しよう．）

Hm	部分群
$-++$, $+-+$, $\mathrm{aa}+$	$\left\{ \begin{pmatrix} a & 0 \\ 0 & b \end{pmatrix} \middle\| a, b \in \mathbf{R}^\times \right\}$
$++-$	$GL(2, \mathbf{R})$
$+\mathrm{aa}$, $\mathrm{a}+\mathrm{a}$	$\left\{ \begin{pmatrix} * & * \\ 0 & * \end{pmatrix} \in GL(2, \mathbf{R}) \right\}$

（3） $n=4$, $H \cong GL(2, \mathbf{R}) \times GL(2, \mathbf{R})$ のとき (cf. [6]),

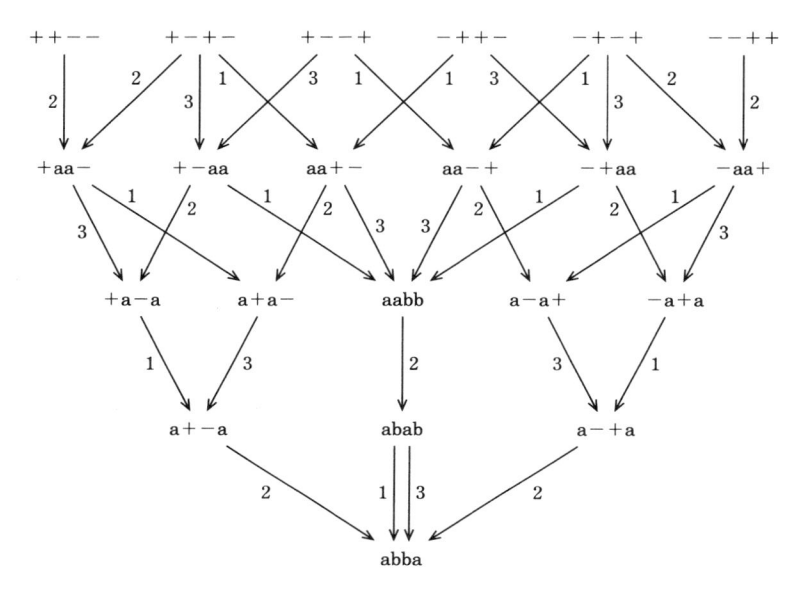

```
++--    +-+-    +--+    -++-    -+-+    --++
```

（図：軌道分解のハッセ図）

上段から下段へ：
- $++--$, $+-+-$, $+--+$, $-++-$, $-+-+$, $--++$
- $+aa-$, $+-aa$, $aa+-$, $aa-+$, $-+aa$, $-aa+$
- $+a-a$, $a+a-$, $aabb$, $a-a+$, $-a+a$
- $a+-a$, $abab$, $a-+a$
- $abba$

矢印のラベル：1, 2, 3

問 2.6 $n=4$, $H \cong GL(2,\mathbf{R}) \times GL(2,\mathbf{R})$ のとき，$|H \backslash M_1|$, $|H \backslash M_2|$, $|H \backslash M_3|$ を求めよ．

問 2.7 $n=4$, $H \cong GL(2, \mathbf{R}) \times GL(2, \mathbf{R})$ のとき，

$$M_{23} = \{V_1 \subset \mathbf{R}^4\}, \quad M_{13} = \{V_2 \subset \mathbf{R}^4\}, \quad M_{12} = \{V_3 \subset \mathbf{R}^4\}$$

($\dim V_j = j$) とおく．（これらはグラスマン多様体と呼ばれ，$M_{23} \cong M_{12} \cong P^3(\mathbf{R})$ である．）$|H \backslash M_{ij}|$ を求めよ．

参考文献

[1] K. Aomoto. *On some double coset decompositions of complex semi-simple Lie groups*. J. Math. Soc. Japan, 18: 1-44, 1966.

[2] T. Matsuki. リー群の軌道分解. 集中講義録 (1998) [付録2に収録].

[3] T. Matsuki. *The orbits of affine symmetric spaces under the action of minimal parabolic subgroups*. J. Math. Soc. Japan, 31: 331-357, 1979.

[4] T. Matsuki. *Orbits on affine symmetric spaces under the action of para-*

bolic subgroups. Hiroshima Math. J., 12 : 307-320, 1982.

［5］ T. Matsuki. 半単純対称空間の軌道分解. 『数学』38 巻 3 号, 232-248, 1986.

［6］ T Matsuki and T. Oshima. *Embeddings of discrete series into principal series*. In *The Orbit Method in Representation Theory*, pages 147-175. Birkhäuser, 1990.

［7］ W. Rossmann. *The structure of semisimple symmetric spaces*. Canad. J. Math., 31 : 157-180, 1979.

［8］ A. Yamamoto. 旗多様体上の軌道分解. young summer seminar note (1995).

索引

■アルファベット

adjoint action　7
Borel subgroup　124, 183, 185
Bruhat decomposition　129
Cartan decomposition　117
center　74
centralizer　22, 174
compact symplectic group　44
completely reducible　99
complex symplectic group　44
coroot　77
covering homomorphism　74
cross ratio　121
Dynkin diagram　31
exponential map　163
flag　128
flag manifold　128, 182, 184
general linear group　112
geodesic　121
G-module　98
group　149
homogeneous space　81, 151
hyperbolic geometry　123
involution　167
irreducible　52, 98
isotropy subgroup　82, 152
Killing form　164
Laplacian　84
Legendre polynomial　90
length　57
maximal compact subgroup　114

minimal expression　57
minimal parabolic subgroup　124
normalizer　26, 174
orbit　81
parabolic subgroup　124
rank　71
reduced　52, 71
reflection　29, 51
regular　22, 53, 179
regular element　169
Riemann sphere　127
root system　52
self adjoint　91
simple　73
simple root　31, 54
special linear group　113
spherical harmonics　86
trace　19
weight　103
Weyl chamber　54
Weyl group　28, 52
zonal spherical function　90

■あ行

1径数部分群　2, 139
1次分数変換　119, 127, 145, 155
岩澤分解　187
ウェイト（weight）　103
　——分解　103
　——空間　103
　最高——　108

オイラーの関係式　4, 138
帯球関数(zonal spherical function)　90

■か行

階数(rank)　71
解析的部分群　165
括弧積　7, 146, 164
カルタン分解(Cartan decomposition)　117
完全可約(completely reducible)　99
完備　169
軌道(orbit)　81, 151
　——分解　81, 151, 181
基本系　31, 53, 56
既約(irreducible)　52, 86, 98
逆元　150
球面極座標　84
球面調和関数(spherical harmonics)　86
鏡映(reflection)　29, 51
行列単位　22
局所同型　74
極大可換部分空間　15
極大トーラス　16
グラスマン多様体　160, 200
群(group)　149
結合法則　149
交代行列　6
交代群　153
コルート(coroot)　77
極大コンパクト部分群(maximal compact subgroup)　114
コンパクトリー群　73
　古典型——　44, 51

■さ行

最短表示(minimal expression)　57
作用　80, 150, 181
G-加群(G-module)　98
G-部分加群　98
自己共役(self adjoint)　91
指数写像(exponential map)　2, 139, 163
シュミットの直交化　186
準同型　147, 166
　被覆——(covering homomorphism)　74
商空間　82
上半平面　119, 144
剰余類
　右——　82, 152, 182
　左——　152
　両側——　154
シンプレクティック群
　複素——(complex symplectic group)　44
　コンパクト——(compact symplectic group)　44
随伴作用(adjoint action)　7
スピノル群　77
スペクトル分解　96
正規化群(normalizer)　26, 174
正規部分群　152
線形群
　一般——(general linear group)　112, 139, 149
　特殊——(special linear group)　113
双曲幾何学(hyperbolic geometry)　123

測地線(geodesic) 121, 144, 168

■た行
対角化 19, 20, 21
対角行列 22
第5公準(平行線公理) 122
対称空間 168
　　リーマン―― 168
対称群 149
対称対 172
単位元 149
単純(simple) 73
置換行列 27
中心(center) 74
中心化群(centralizer) 174
重複度 103
直交関係式 92
直交行列 4, 185
直交群 4, 149, 185
　　特殊―― 6
ディンキン図形(Dynkin diagram) 31, 61
　　拡張―― 65
同型 98, 167
同時固有空間分解 23
等質空間(homogeneous space) 81, 151, 182
等方部分群(isotropy subgroup) 82, 152, 182

■な行
長さ(length) 57

■は行
旗(flag) 128

――多様体(flag manifold) 128, 182, 184
引き戻し 110
微分 166
微分表現 103
被約(reduced) 52
非ユークリッド幾何学 123
表現 98
複素化 104
複比(cross ratio) 121
ブリュア分解
　(Bruhat decomposition) 129, 132, 182, 187
平行線公理 122
閉部分群 165
放物型部分群(parabolic subgroup) 124
　　極小――(minimal parabolic subgroup) 124
ボレル部分群(Borel subgroup) 124, 183, 185

■ま行
無限小変換 142
持ち上げ 110

■や行
ヤコビ律 7, 164
ユニタリ行列 17
ユニタリ群 17, 149
　　特殊―― 18

■ら行
ライプニッツの公式 94
ラプラシアン(Laplacian) 84

リー環　7, 146
リー群
　単純——　75
リー部分環　147, 165
リー部分群　146
リーマン球面(Riemann sphere)
　127
ルート　23
　正の——　30
　負の——　30
　最高——　65
　——空間　23, 179
　——空間分解　23
ルート系(root system)　22, 52, 179

正の——　53
例外型——　53, 62
ルジャンドル多項式(Legendre polynomial)　90
ルジャンドルの微分方程式　90
ルジャンドル陪関数　90
ロードリーグ(Rodrigues)の公式　93

■わ行
歪エルミート行列　18
ワイル群(Weyl group)　28, 52, 173, 187

JCOPY 〈(社)出版者著作権管理機構 委託出版物〉
本書の無断複写は著作権法上での例外を除き禁じられています．複写される
場合は，そのつど事前に，(社)出版者著作権管理機構（電話：03-3513-6969，
FAX：03-3513-6979, e-mail：info@jcopy.or.jp）の許諾を得てください．
また，本書を代行業者等の第三者に依頼してスキャニング等の行為によりデ
ジタル化することは，個人の家庭内の利用であっても，一切認められており
ません．

松木敏彦（まつき・としひこ）

略歴
1954年　大阪府生まれ．
1976年　京都大学理学部卒業．
1982年　広島大学大学院博士課程後期修了．
　　　　鳥取大学講師・助教授，京都大学助教授・教授を経て，
現　在　龍谷大学文学部教授．
専門はリー群論．

著書として，
　『理工系微分積分』(学術図書)．

リー群入門　　　　　　　　　　　　　　　　　日評数学選書

2005年2月20日　第1版第1刷発行
2018年4月20日　第1版第2刷発行

　　　　著　者　　　　　松　木　敏　彦
　　　　発行者　　　　　串　崎　　浩
　　　　発行所　　株式会社　日　本　評　論　社
　　　　　　　　　〒170-8474　東京都豊島区南大塚3-12-4
　　　　　　　　　電話　(03)3987-8621 ［販売］
　　　　　　　　　　　　(03)3987-8599 ［編集］
　　　　印　刷　　　　　株式会社　精興社
　　　　製　本　　　　　牧製本印刷株式会社
　　　　装　丁　　　　　山崎　登

© Toshihiko MATSUKI 2005
Printed in Japan　　　　　　　　　ISBN 4-535-60142-9